U0251171

# 纠结的生活垃圾

生活垃圾

主　编 ◎ 杨鲁

副主编 ◎ 郭名女　高论　林顺洪

西南交通大学出版社

·成都·

**图书在版编目（ＣＩＰ）数据**

纠结的生活垃圾 / 杨鲁主编. —成都：西南交通
大学出版社，2018.5（2022.11 重印）
　ISBN 978-7-5643-6224-9

　Ⅰ．①纠… Ⅱ．①杨… Ⅲ．①生活废物 – 废物处理
Ⅳ．①X799.3

　中国版本图书馆 CIP 数据核字（2018）第 113134 号

## 纠结的生活垃圾

主　编　杨　鲁

责任编辑　赵玉婷

封面设计　严春艳

出版发行　西南交通大学出版社
　　　　　（四川省成都市金牛区二环路北一段 111 号
　　　　　西南交通大学创新大厦 21 楼）
发行部电话　028-87600564　87600533
邮政编码　　610031
网址　http://www.xnjdcbs.com
印刷　天津画中画印刷有限公司

成品尺寸　146 mm×208 mm
印张　4.625
字数　89 千
版次　2018 年 5 月第 1 版
印次　2022 年 11 月第 4 次
书号　ISBN 978-7-5643-6224-9
定价　28.00 元

序

　　每一位社会公众都是生活垃圾的生产者，"垃圾"成为人们熟知的词汇之一。随着经济社会的快速发展和人民生活水平的提高，生活垃圾产生量迅速增加，其带来环境问题日趋严重。资料显示，我国城市生活垃圾年产 2.5 亿吨，年均增长率超过 8%，堆积量已达 71 亿吨，占用耕地面积 75 万亩。因公众的诸多忧虑，"垃圾问题"已成为社会关注的热点之一，垃圾污染诱发的群体事件时有发生，"垃圾围城"的新闻报道不绝于耳，其处置设施建设的邻避现象比较普遍……

　　党的十八大将生态文明建设纳入中国特色社会主义"五位一体"总体布局，提出要大力推进生态文明建设，努力建设美丽中国。生态文明建设仅靠政府的主导是不够的，还要依靠全社会力量共同推进，需要社会公众的广泛参与。公民的行为是素质的外化和体现，公民的素质，尤其是公民的科学素质在很大程度上影响着生态文明建设的进程。公民只有具备了一定的科学知识、掌握了一定的科学方法、领会了一定的科学思想和科学精神，才会更理性地认识人与自然之间的关系，才会更深切地注重自身的行为对环境的影响，才会更自觉地参与生态文明建设。

　　《纠结的生活垃圾》主编杨鲁同志，长期从事垃圾焚烧发电技术研究工作，并多次到基层、社区开展科普活动，普及垃圾处置、资源化利用等相关知识。在科普实践活动中真实了解到，部分公众存在不了解垃圾分类的必要性及基本常识，担忧垃圾焚烧发电技术产生的二次污染危害等问题与困惑。本书立足于与公民生活息息相关的垃圾问题，以问题为导向，主要介绍了垃圾的变迁、垃圾的种类、垃圾的危害，引发人们思考如何解决垃圾问题；以把垃圾"关起来"、垃圾变肥料、垃圾变能源、垃圾变资源等形式清晰讲述了垃圾处理方法和资源化利用途径；详细介绍为什么要实施垃圾分类，垃圾如何分类，分类后的各类垃圾如何回收利用，倡导全民参与垃圾分类，既能提高垃圾中有用物质的回收利用率，让资源循环，又可以减少垃圾处理量、降低垃圾处理成本，减少垃圾的污染；介绍日本、德国、中国发达地区垃圾分类的先进经验，倡导人们理智消费，从源头抑制垃圾产量、正确分类，让资源循环利用等基本知识、处理技术进展及典型经验案例得到普及。本书资料翔实，内容丰富，图文并茂，语言通俗，浅显易懂，有助于让大众更加了解垃圾的危害、垃圾分类及垃圾处理技术水平，有助于提升公民对解决垃圾问题的理性思维，有助于增加公众的科学素养，有助于提高公众自觉参与生态文明建设的积极性。

通过本书传播生态文明的理念，对于提高公众的文明素质大有裨益。我坚信，在不久的将来，美丽中国建设目标定会实现，我们的家园会更加靓丽。

刘德绍

2018 年 5 月 1 日

前言

　　说到垃圾，你首先想到的可能是空瓶罐、瓜果皮核、废纸旧书等，但随着经济发展，垃圾家族渐渐"壮大"，新增了一次性饭盒、废塑料袋、电子垃圾等。不管垃圾成分如何变化，垃圾一直与人类如影随形并越来越影响到我们的生活。由于我国人口的增长迅速，人民生活水平逐渐提高，生活垃圾的产生量也在以惊人的速度持续增长，对人类的生存环境造成了各种不良影响。如果任其发展，将危害人类的生存！同时，生活垃圾中又蕴含着大量的资源，被喻为"城市矿山"，如果采用科学的方法合理利用，将产生巨大的经济效益。但是，现有的垃圾处理技术中，填埋占用太多土地，焚烧成本太高，堆肥效果不好，垃圾如何处理实在令人纠结！

　　本书旨在用通俗易懂、生动有趣的语言介绍垃圾带来的污染和危害，对比填埋、堆肥和焚烧发电三种垃圾处理方法的优缺点，引出垃圾的源头减量、分类回收利用是垃圾处理的必然之路！倡导 5R（源头减量 Reduce、物尽其用 Reuse、回收利用 Recycle、变废为宝 Regeneration、拒绝浪费 Rejection）生活方式，号召人们共同承担起保护环境、解决垃圾问题的重任。

　　本书由重庆科技学院杨鲁主编，重庆科技学院郭名女、高论和林顺洪任副主编。参与编写人员包括：重庆科技学院教师李长江、彭浩，研究生袁朝兵，本科生李娟、何金胜。本书的编写得到了重庆市科委科普项目（cstc2017kp-yscz0010）和重庆市生活垃圾资源化处理协同创新中心项目的资助，在此表示感谢。同时感谢在本书编写过程中提供资料的朋友以及同行专家的支持与帮助。由于作者水平有限，书中可能存在不妥之处，请读者提出宝贵意见，感激不胜。

本书中引用的一些定义、图片、表格等，都尽可能地列入参考文献，如有遗漏，敬请有关作者谅解并批评指正。

编 者

2018 年 5 月

目 录

认识垃圾  00/

　　垃圾的变迁  001

　　垃圾的种类  004

　　垃圾的危害  005

　　垃圾的困惑  009

垃圾"变形计"  0/3

　　把垃圾"关"起来——填埋  016

　　垃圾变肥料——堆肥  022

　　垃圾变能源——焚烧发电  027

　　垃圾变资源——分类收集、分别利用  048

大众齐分类，资源再循环  05/

　　易腐垃圾——餐厨垃圾  053

　　可回收物  062

　　有害垃圾  096

　　其他垃圾  103

倡导5R生活，迈向"零废弃" 107

　　日本：将垃圾分类做到极致　108

　　德国：科学实验般精确的垃圾分类　117

　　中国：不断探索垃圾分类有效模式　121

重庆垃圾焚烧发电技术研究院简介　131

参考文献　136

# 认识垃圾

## 垃圾的变迁

　　垃圾是人类丢弃不要的物品，它与人类密不可分，有人类生存的地方必然就有垃圾产生，它陪伴着人类从远古时代一直走到了现代社会。很久以前，人类过着游牧生活，他们不断地迁徙、追逐猎物、寻找干净的水源。这时，人类制造的垃圾仅仅是吃剩的动物骨头和烧火后留下的灰烬等，这些垃圾会慢慢腐烂，最终变成土壤的养分，回归到包容一切的大自然中。虽然过程缓慢，但是由于垃圾数量不多且人类迁徙频繁，垃圾并不会给人类的生活带来太多的烦恼。

　　随着时间的推移，人类开始定居，慢慢地村庄、城市形

成了。越来越多的人带来了不断增多的垃圾。早期人们通常会把垃圾随手一扔或是丢进河里，时间一长，垃圾成堆、沟渠淤积，人们的生活环境受到污染。为了解决这一问题，人们开始对垃圾进行收集和管理、颁布相关的法令。《韩非子·内储说上》记载："殷之法，弃灰于道者断其手"，意思是"如果有人将垃圾丢在街道上，会受到斩手的处罚"。恐怖吧？想不到古代的法律如此严苛，乱丢垃圾就要砍手！

儒家经典《周礼·秋官》记载了我国最早的环保工人："条狼氏下士六人，胥六人，徒六十人。"条狼氏的职责就是清除城中街道上的垃圾，保持城市环境的清洁。从唐代起，我国出现了以清理垃圾、粪便为职业的人。到了宋代，官府设"街道司"专门负责管理城市的环境卫生。街道司可以招募 500 个工人，负责街道清洁、道路维修等工作，维持市容整洁。每年还要定期安排工人疏通沟渠，以免城市积水。工人统一穿工作服"青衫子一领"，每月还可以领到工资"钱二千"。城市居民每日产生的生活垃圾、粪溺有专人收集、运走，送到指定地点堆放或填入洼地，粪便会被收集起来作为土地的肥料。

看，古代的城市被我们的祖先治理得井井有条，垃圾并没有给他们带来太多的烦恼。直到 20 世纪 70 年代，城市垃圾都与居民们"和谐共处"。那时，受勤俭节约习惯的影响和生活条件所限，各家各户的生活垃圾产生量很小，纸张、书籍、家具、衣物被反复使用，废电池、废灯泡等物品有专

门的地方回收。菜叶、果皮之类的有机废物被垃圾车收走后送到农村作肥料。因此，这时的垃圾多是一些煤渣和灰土。

随着现代科技、经济的快速发展，人民生活水平不断提高，垃圾变得越来越多。同时，废品回收却由于利润较低等原因变为只回收报纸、纸箱、油桶、饮料瓶等，废灯泡、橘子皮、旧衣服等物品不再回收，人们只有一扔了事。而且，现在的垃圾成分越来越复杂，除了渣土、果皮、菜叶外，通常还包含各种塑料包装，各类饮料瓶罐，纸张，油漆、颜料、黏合剂，废电池，家用清洁、美容或杀虫类化学品的包装物等。近年来城市垃圾家族又添加了新成员——电子废弃物，如废旧计算机、复印机、手机、电视机和其他电子设备。

图 1-1

图 1-2

## 垃圾的种类

人们工作、生活中产生的各种废弃物俗称垃圾。实际上，垃圾还有个学名叫"固体废弃物"，通常分为以下三类：

### 一、工业固体废弃物

工业固体废弃物是指在工业、交通等生产活动中产生的采矿废石、选矿尾矿、燃料废渣、化工生产及冶炼废渣等固体废物，包括工业废渣、废屑、污泥、尾矿等废弃物。

## 二、生活垃圾

生活垃圾主要来源于家庭、公共场所（如机场、餐馆、车站等）、学校、政府、办公机构等场所，主要包括食品废弃物、废纸、废塑料、废织物、废金属、废玻璃、陶瓷碎片、砖瓦渣土、粪便及废家什用具、废旧电器、庭院废物等。

## 三、危险废物

危险废物主要来源于各类实验室、医院、工厂和家庭。危险废物是具有腐蚀性、毒性、易燃性、反应性或者感染性等或不排除具有危险特性，可能对环境或者人体健康造成有害影响的废物。医疗垃圾、生活垃圾中的有害垃圾都属于危险废物。

由于国家对工业垃圾和医疗垃圾处理有严格的规定，所以本书仅讨论与每个人都息息相关的生活垃圾。

## 垃圾的危害

亲爱的读者，说起垃圾堆，你会想到什么？是难闻的臭味儿还是不停飞舞的苍蝇、蚊虫？难闻的臭味儿往往让你第一时间捂住鼻子，嗡嗡飞舞的蚊蝇会让你避之不及吧！

你闻到的难以忍受的气味是垃圾中的蛋白质、脂类和糖

类化合物在被微生物分解为有机物的过程中产生的，不但味道难闻，而且会释放出大量的氨、硫化物等污染物，其中含有许多致癌、致畸成分，对人体健康产生危害。据记载，1346—1353 年欧洲由于黑死病造成了几百万人的死亡，1580 年百日咳造成了成千上万的巴黎市民死亡。当时的人类虽然察觉到传染病的蔓延和传播与生活垃圾有一定的关系，但是他们并没有意识到垃圾就是引起病痛的根源。

除了刺鼻的臭味，大量的苍蝇、蚊虫也是多种传染病的媒介，时刻威胁着人类的健康。据调查，在生活垃圾堆放区，1 平方米垃圾堆表面最多可招落 2 784 只苍蝇，25 平方米就有 1 个老鼠洞，这些四处流动的疾病传播源，给人体健康带来了严重威胁。英国几次鼠疫大流行均与垃圾处理不当有关。

城市垃圾成分复杂，它对环境的污染和人类的影响主要是通过空气、水、土壤等方式进行。除了影响环境卫生、传播疾病以外，它还有以下危害：

## 一、占用土地

目前我国最普遍的垃圾处理方式是填埋，垃圾填埋场占用了大量的土地资源。据不完全统计，我国每年城市生活垃圾产生量达 2.5 亿吨，全国垃圾累计堆积占地约 75 多万亩（1 亩 ≈ 666.67 平方米），垃圾堆存量已达 71 亿吨，全国约 200 座城市已无合适场所堆放垃圾。

图 1-3

## 二、污染土壤和水体

垃圾在堆放过程中会不断腐败分解，其中含有的重金属和大量有机物、虫卵及病原菌混合着垃圾中的水分、雨水等渗入土壤，造成土壤和地表水、地下水污染。如果是危险废物，那就更糟糕了。若一节镀镍铬电池在土壤中腐烂，其泄漏的有害物质可以污染周围约 1 平方米的土地。

图 1-4

由于土壤的吸附作用和其他作用，土壤中的有害成分不断积累，导致土壤结构及成分受到破坏，影响植物的健康生长或造成植物死亡，甚至会出现不能种植的问题。如果人类、动物食用被污染的土壤上产出的农作物或者饮用被污染的水源，就可能生病甚至中毒。

### 三、污染空气、易发生爆炸事故

垃圾在腐败分解过程中会释放出有害气体，危害大气环境。即使是已经进行了填埋处理的垃圾也会产生大量的有害气体，其主要成分是甲烷和二氧化碳，这种混合气体对臭氧层的破坏是二氧化碳的 20 倍，而且当甲烷气体聚集到一定程度时易发生爆炸事故。

另外，在工业生产如炼铁、炼钢、有色金属冶炼过程中排放的各种粉尘以及生活垃圾中的细小垃圾废物会飘散到空中，加重大气污染。

### 四、"白色污染"

所谓的"白色污染"是指生活垃圾中不可降解的塑料废弃物对于环境的污染。随着现代社会人们生活节奏加快，一次性用品如塑料袋、泡沫塑料饭盒、各种包装袋等被越来越多的人群所使用。这些使用方便、价格低廉的塑料制品一方面给人们的生活带来了便利，但另一方面，这些塑料制品在使用后往往被随手丢弃，散落在市区、风景旅游区、水体两

侧等地，影响景观，造成"视学污染"。有人会说，把这些塑料废弃物埋进土里就"眼不见为净"了。你可能不知道，塑料在自然界中的降解时间为 100～200 年，有的甚至更久。埋入土里的塑料废弃物会影响土壤的渗水性和透气性，导致植物无法生长。

图 1-5

## 垃圾的困惑

2013 年，"雾霾"成为年度关键词，长时间、大面积的雾霾天气引起了全国人民对空气质量的关注。引发了人们对保护环境的思考。但是，在如今的中国，一场比雾霾影响范围更广、更严重、更深远、更持久的环境污染其实早已蔓延开来，

造成这一污染的元凶就是与每个人都息息相关的生活垃圾。

　　根据环境保护部发布的《2016 年全国大、中城市固体废物污染环境防治年报》中的统计数据，2015 年全国 246 个大、中城市的生活垃圾产生量 18 564.0 万吨，处置量 18 069.5 万吨，处置率达 97.3%。看到这一数据您可能会想，垃圾的产生量大，但是处置率这么高，还有什么问题？可实际上，由于技术和成本等多方面原因，我国垃圾仍主要以填埋方式处理。虽然近年来垃圾焚烧处理技术发展迅猛，使垃圾填埋率有所下降，但我国的填埋率仍高达 62%。住建部的一项调查数据表明，中国三分之二以上的城市被垃圾包围，四分之一的城市已没有合适场所堆放垃圾。自 2016 年起，跨区域偷倒垃圾事件屡见报端。多起类似事件的发生，从表面上看是个人利欲熏心所致，但实质上告诉我们的是：一些城市的垃圾已经多到无处堆放，只能向其他城市转移！

图 1-6

图 1-7

　　史前的人类把他们产生的垃圾扔到土坑里，垃圾逐渐充满了这一地区后，他们就去找寻新的居住地。现代的垃圾已经在地球上泛滥成灾，如果我们还不采取措施治理垃圾，有一天人类会被自己产生的垃圾挤出地球！

图 1-8

　　垃圾无处可埋，那用火将它们烧掉呢？焚烧当然是垃圾

减量的好办法，但是由于我国生活垃圾存在成分复杂、水分高、热值低等特点，采用焚烧的方法处理生活垃圾成本极高。2017年3月发布的《北京市城市生活垃圾焚烧社会成本评估报告》写道："至2018年，北京的十一座焚烧厂生活垃圾管理全过程社会成本将达373.2亿元／年，即6 250元／吨，总成本预测相当于2018年北京市生产总值的1.33%。"无时无刻不在增加的垃圾使人类的生存环境逐渐变差，要想保持整洁卫生的环境人类就得付出高昂的成本，聪明的人类陷入了纠结状态。

　　其实，只要我们发挥聪明才智和创新精神，垃圾也可以变成有用的东西，让我们一起来看垃圾如何"变形"吧！

# 垃圾"变形计"

在介绍垃圾如何"变形"以前，我们先要了解垃圾处理的"三化"原则。"三化"指的是垃圾处理的无害化、减量化、资源化。

无害化是指对已产生又无法或暂时不能资源化利用的垃圾，经过物理、化学或生物方法，进行对环境无害或低危害的安全处理、处置，防止并减少垃圾的污染危害。

减量化是通过适宜的手段减少垃圾的数量、体积、种类，降低危险废物的有害成分浓度，减轻或清除其危害特性等。垃圾分类后将有用的部分回收利用，就是垃圾减量的重要方法。

资源化是指采用适当的技术从垃圾中回收有用组分和能源，加速物质和能源的循环，再创经济价值的方法。如通过

生物质制肥，通过热处置回收热量进行供热、发电都是垃圾资源化的有效途径。

在"三化"原则中，无害化是首要而基本的原则，在无害化前提下尽可能对垃圾进行减量化处理，并在一定条件下利用垃圾中的可利用资源。

目前，世界上垃圾处理的方式很多，普遍采用的有卫生填埋、堆肥和焚烧发电。由于各国存在地理条件、生活习惯、消费水平、经济发展政策等种种不同，导致各国的垃圾成分、产出特性也各不相同，采用的垃圾处理方式也不同。国外主要垃圾处理方式统计见表 2-1。

表 2-1　国外主要垃圾处理方式

单位：%

| 国家 | 填埋占比 | 焚烧占比 | 堆肥占比 | 其他利用占比 |
|------|---------|---------|---------|------------|
| 美国 | 62.0 | 10.0 | 0.0 | 28.0 |
| 日本 | 12.0 | 73.0 | 9.0 | 6.0 |
| 英国 | 69.0 | 18.0 | 13.0 | 0.0 |
| 德国 | 42.0 | 55.0 | 3.0 | 0 |
| 法国 | 45.0 | 42.0 | 10.0 | 3.0 |
| 意大利 | 74.0 | 16.0 | 7.0 | 3.0 |
| 西班牙 | 64.0 | 6.0 | 17.0 | 13.0 |
| 比利时 | 49.0 | 35.0 | 0.0 | 16.0 |
| 奥地利 | 48.0 | 24.0 | 8.0 | 20.0 |
| 丹麦 | 16.0 | 71.0 | 4.0 | 9.0 |

续表

| 国家 | 填埋占比 | 焚烧占比 | 堆肥占比 | 其他利用占比 |
|---|---|---|---|---|
| 芬兰 | 65.0 | 4.0 | 15.0 | 16.0 |
| 爱尔兰 | 97.0 | 0.0 | 0.0 | 3.0 |
| 卢森堡 | 22.0 | 75.0 | 1.0 | 2.0 |
| 荷兰 | 45.0 | 35.0 | 5.0 | 6.0 |
| 挪威 | 67.0 | 22.0 | 5.0 | 6.0 |
| 葡萄牙 | 0.0 | 90.0 | 10.0 | 0.0 |
| 瑞典 | 30.0 | 60.0 | 0.0 | 10.0 |
| 瑞士 | 11.0 | 76.0 | 13.0 | 0.0 |
| 新加坡 | 35.0 | 65.0 | 0.0 | 0.0 |

从表2-1中可以看出，美国的垃圾处理主要以填埋为主，这是因为美国幅员辽阔，地广人稀，不担心垃圾无处可埋的问题。而日本由于土地资源紧张、人口稠密，所以垃圾处理以焚烧为主，最大化地实现垃圾的减量化。走在欧洲垃圾焚烧前列的国家还有丹麦。这个北欧小国1903年建设的弗莱德里克堡垃圾焚烧厂，如今还在哥本哈根市中心运营。该厂利用垃圾焚烧过程中产生的热能给市政机构供热和供电。如今，丹麦全境有34个垃圾焚烧厂，通过先进的热电联产网络提供热能和电能，既环保，又经济。

我国的垃圾处理以填埋为主，但由于土地资源紧张和填

埋所引起的二次污染等问题，近年来垃圾卫生填埋所占比例已由 81.7% 降低到 62.0%，生活垃圾焚烧快速增长，我国的生活垃圾处理方式正由卫生填埋逐步转向焚烧处理。

下面具体介绍垃圾填埋技术、堆肥技术和焚烧发电技术。

## 把垃圾"关"起来——填埋

### 一、简单填埋

垃圾填埋，通俗地理解就是挖个坑，把垃圾扔进去，再用土将垃圾埋起来。看不到垃圾，人们自然就认为危害不存在了。在古代的特洛伊城，人们把吃剩的骨头等垃圾直接丢在自家的地板上，时间长了，地板就会变得黏滑发臭。为了掩盖臭气，人们会在地板上重新抹上一层泥土，盖住垃圾。这样的后果是什么呢？地板越来越高，导致人们不得不抬高屋顶改造房子。这就是早期的垃圾填埋。

填埋法处理垃圾具有投资小、处理量大、操作简单等优点。可是如果只是简单地填埋，这些隐藏在土里的垃圾会悄悄地腐烂、变质，滋生蚊蝇，排放出渗滤液，产生沼气，造成土壤、地下水和空气多种污染。

## 二、卫生填埋

卫生填埋是由传统的垃圾堆放、土地掩埋结合现代技术发展而来。为了保护环境、控制污染，美国在 20 世纪 30 年代开始对传统填埋法进行改良，从而形成了一套系统化、机械化的科学填埋方法，即卫生填埋法。卫生填埋是在科学选址的基础上，采用底部防渗、气体导排、渗滤液处理、严格覆盖、压实处理等一系列技术手段，将垃圾减容，减少填埋占地并最大限度地防止土壤、地下水和空气污染的垃圾处理技术。

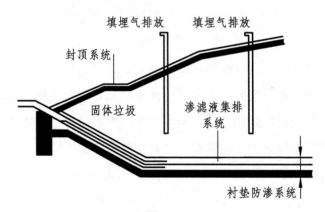

图 2-1

卫生填埋的具体做法是：卫生填埋场根据规划被分为很多个日填埋单元，每天环卫部门收集的城市生活垃圾被运输到填埋场后，在指定的卸料点进行卸料，然后用推土机将垃圾均匀摊铺在日填埋区域内，达到一定厚度后用重型压实设备进行反复碾压，在上面铺一层 15 ～ 30 cm 的黏土层后再次压实。垃圾层和土壤覆盖层共同构成了一个填埋单元。具

有同样高度的多个相互衔接的日填埋单元构成一个填埋层。卫生填埋场就是由多个填埋层组成的。当一个卫生填埋场达到设计高度后，还需在填埋层以上再覆盖一层土壤并压实，这称为"封场"。

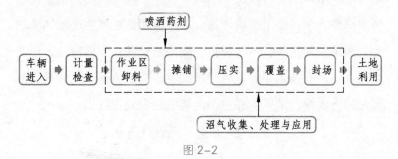

图 2-2

就这样，垃圾被聪明的人类关进了"监狱"，可是我们并不能放松。实际上，它们仍然在"监狱"中继续作恶，需要我们进行控制和处理。填埋后的垃圾在微生物的作用下，进行有机垃圾的生物降解。降解一般经历四个阶段：好氧分解阶段、厌氧分解不产甲烷阶段、厌氧分解产甲烷阶段和稳定产气阶段。这个过程中会释放出填埋气体和渗滤液。

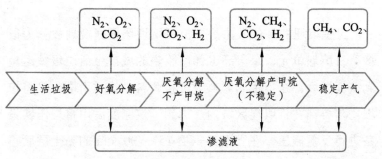

图 2-3

### 1. 填埋气体

填埋气体主要含有氨、二氧化碳、一氧化碳、氢、硫化氢、甲烷、氮和氧及其他的微量气体。其中甲烷和二氧化碳不仅是影响环境的温室气体，而且是易燃易爆气体。甲烷和二氧化碳等在填埋场地面上聚集过量会使人窒息，如果发生迁移扩散并与空气混合，就会形成一定浓度的甲烷混合气体，容易发生爆炸。1994 年，重庆一座垃圾场发生严重沼气爆炸事故，强大的气浪掀起的垃圾将 9 名工人埋没，4 人当场死亡。

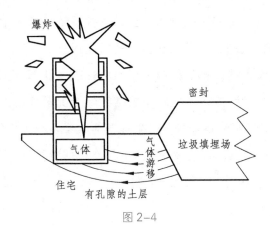

图 2-4

除了甲烷和二氧化碳，填埋气体中还含有少量有毒气体，对人畜、植物有毒害作用。另外，填埋气体会影响地下水水质，溶于水中的二氧化碳，增加了地下水的硬度和矿物质的成分。因此，填埋气体对周围的安全存在威胁，必须对填埋气体进行有效的控制。

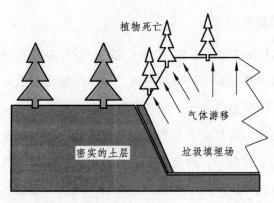

图 2-5

卫生填埋场的填埋气体收集和导排系统就是为了减少填埋气体向大气的排放量和在地下的横向迁移，并回收利用甲烷气体而设置的。排气设施采用耐腐蚀的多孔 HDPE（高密谋聚乙烯）管组成，这些管子根据实际情况垂直或水平设于垃圾堆内，四周用碎石填充。填埋气体收集系统由集气管网、抽气井、抽气泵、储气罐等组成。虽然填埋气体有许多危害，但如果将填埋气体收集起来，经过干燥和过滤等处理后可作为燃气使用，也可以经过净化、去除杂质后用于内燃机或汽轮机发电。

## 2. 垃圾渗滤液

垃圾渗滤液是在垃圾堆放和填埋过程中，由垃圾本身的水分、自然降水、有机物分解产生的水和渗入填埋场的地表水、地下水组成的成分复杂的高浓度的废水。垃圾渗滤液具

有污染物成分复杂、水质和水量波动大、金属含量高、氨氮含量高、污染强度高、污染持续时间长等特点。

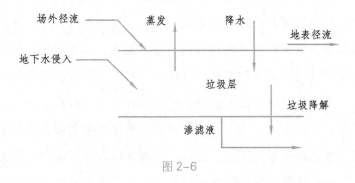

图 2-6

渗滤液会对地下水、地表水及垃圾填埋场周围环境造成污染，使地表水体缺氧、水质恶化，威胁饮用水水源。渗滤液中含有的重金属、有机物吸附在土壤上，就会被动植物吸收，可能危害人类健康。

因此，垃圾填埋场的防渗漏是卫生填埋技术中的重要环节。主要措施有：在填埋场底层加入衬垫层并设置渗滤液收集和排出系统，在填埋场顶部设置封顶覆盖层。渗滤液收集系统将收集的渗滤液送入临近的污水处理厂或垃圾填埋场中的渗滤液处理厂进行处理，渗滤液排出系统使渗滤液按照设计路径可控制地排出。底部衬垫层的作用是防止未及时排走的渗滤液渗漏。同时，底部衬垫层和周边衬层也可以有效地收集填埋场中的填埋气体并阻止有害气体扩散到地下水和土壤中。

### 三、优缺点分析

卫生填埋是应用最早、最为广泛的垃圾处理方法，也是我国目前主要的垃圾处理方式。卫生填埋法具有选址、建设周期短，投资和运行费用较低，处理量大，技术成熟，操作简单且适用于所有类型垃圾等优点，可以迅速解决垃圾的出路问题，改变城市卫生面貌，但是也存在垃圾减量、减容效果差，资源化水平低，处理周期长，需要占用大量土地资源且场址选择困难等问题。所以，垃圾填埋处理不适合人口密集、土地资源紧缺的国家和地区。现在我国很多城市已经出现垃圾填埋场超负荷运转和垃圾无处可埋的现象。国外很多国家正在逐步减少垃圾直接填埋量。有的国家已强调，垃圾填埋只能是垃圾的最终处置手段。

看来，把垃圾"关"起来不能解决我们面临的垃圾问题，我们要继续努力寻找最适宜的垃圾处理办法。

## 垃圾变肥料——堆肥

自然界的许多微生物具有氧化、分解有机物的能力。它们就像分散在各个角落的地球清洁工，能够将枯枝烂叶分解转化为肥料，能够快速吃掉动物尸体。利用微生物这种强大的能力，处理可降解的有机生活垃圾，不仅可以大幅减少垃

圾量，同时还可以产生许多人们所需要的东西。所以，堆肥化是有机垃圾处理利用的一条重要途径。

## 一、堆肥化的发展历史

当人类不再频繁地迁徙、有了固定的居所后，便逐渐开始使用垃圾坑。第一个垃圾坑出现在 6 000 多年前，它设在房子外面，由石头组成。有机垃圾存储在其中，最终被用在农田里。

我国古代，人们将秸秆、落叶、杂草和人畜粪便等堆积起来使其腐烂发酵后用作农业肥料。宋代的《农书》中对当时农村广为采用的堆肥方法有详细的记载，人们将堆肥的原料"凡扫除之土，燃烧之灰，簸扬之糠秕，断蒿落叶"堆入"粪屋之中，凿为深池"，同时还要"筑以砖壁，勿使渗漏"，通过"积而焚之，沃以粪之"的方法完成堆肥，"积之即久，不觉甚多"。在施肥过程中，还需要"筛去瓦石，取其细者，和匀种子，疏把撮之，待其苗长，又撒以壅之"，然后就等待丰收，"何患收成不倍厚也哉"！这种方法是自然堆肥法。它具有堆肥温度低、堆肥时间长、卫生条件差、无害化程度低、处理规模小等特点，操作简单，适合农业时期农村各家各户使用。

20 世纪初，很多国家以生活垃圾、生活污水污泥等为原料，进行堆肥化的研究和开发。到了 20 世纪 30 年代，人们开始利用好氧分解并采用机械连续生产。先后出现了运用回

转窑发酵筒好氧发酵、采用固定床式发酵和采用多段竖炉发酵等方式。后来，因垃圾成分复杂，垃圾分选技术不完善，导致堆肥质量不高，而且人们意识到垃圾堆肥产品中可能存在重金属、有毒物及病原菌等，危害人类健康。这些因素致使一些堆肥厂关闭。随着科技发展，生活垃圾的破碎分选技术有了较大的提高，堆肥法重新得到了推广和应用。发展至今，堆肥技术已经形成了较为成熟的工艺系统和完善的设备系统。

现代堆肥处理是在传统的堆肥方式上加入人为的控制过程，使堆肥进度加快，卫生无害化效果好，机械化程度高。它不但处理了困扰人类的生活垃圾，还将其变废为宝，实现了垃圾的减量化、无害化和资源化。

## 二、堆肥化的定义

堆肥化利用垃圾或土壤中存在的细菌、放线菌、真菌等微生物，使垃圾中的有机物发生生物化学反应而降解，形成一种类似腐殖质土壤的物质。这种物质称为堆肥，它呈深褐色、质地疏松、有泥土的气味，形同泥炭，腐殖质含量很高，可以用作农田肥料和土壤改良剂。

## 三、堆肥化的原理

### 1. 好氧堆肥

好氧堆肥是将要堆腐的有机物料与填充料按一定比例混合，

在合适的水分、通风条件下，使微生物繁殖并降解有机质，从而产生高温，杀死其中的病原菌及杂草种子，使有机物达到稳定化。好氧堆肥堆体温度高，一般在 55 ℃ 以上，极限温度可达 80 ℃ ～ 90 ℃，所以好氧堆肥也称为高温堆肥，具有温度高、分解彻底、周期短、异味小、可大规模采用机械化处理等优点。

有机垃圾好氧堆肥化过程实际上就是基质的微生物发酵过程。好氧堆肥过程中，垃圾中的可溶性小分子有机物质透过微生物的细胞壁和细胞膜被微生物吸收利用。不溶性大分子有机物则附着在微生物的体外，由微生物所分泌的胞外酶分解为可溶性小分子物质，再输送入细胞内为微生物利用。通过微生物的生命活动——合成及分解过程，把一部分被吸收的有机物氧化成简单的无机物，并提供生命活动所需要的能量，把另一部分有机物转化合成为新的细胞物质，使微生物增殖。好氧堆肥过程如图 2-7 所示。

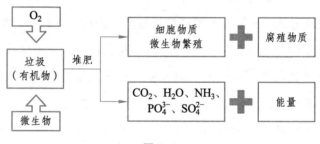

图 2-7

## 2. 厌氧堆肥

厌氧堆肥是在无氧条件下，兼性菌和专性厌氧细菌降

解垃圾中的有机物使垃圾稳定化的过程。厌氧发酵的主要产物是沼气，其主要成分是甲烷和二氧化碳，沼气经过提纯就可以成为人类利用的燃气。厌氧堆肥过程如图 2-8 所示。

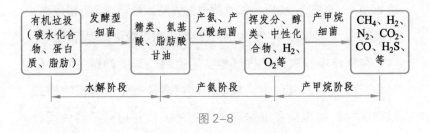

图 2-8

　　厌氧堆肥的主要优点是工艺稳定、运行简单，但是有机物生物代谢的反应步骤多、进展慢，需要时间长，且有臭味产生。传统的农家堆肥就属于厌氧堆肥。

## 四、堆肥技术在我国的应用

　　堆肥技术在我国拥有悠久的历史，是我国垃圾处理最早使用的方式。早期，大部分垃圾堆肥厂采用敞开式静态堆肥，后来发展为机械化程度较高的动态高温堆肥。垃圾堆肥技术具有工艺简单，投资低，易操作，可实现垃圾的减量化、资源化等优点。不过这种处理方式只适用于处理垃圾中的有机物，而我国生活垃圾采取混合收集方式，成分复杂，严重影响堆肥效果，造成堆肥产品的肥效较低、成本高。而且，堆肥法同填埋法一样处理周期长，占地面积较大，污染大气和土壤，特别是垃圾中的重金属元素会在土壤中富集起来，随

着食物链进入人体，危害人类身体健康。基于以上种种因素，堆肥技术目前在我国应用很有限。

不过，随着堆肥技术的进步和我国生活垃圾分类的实施，用堆肥技术处理厨余类有机物还是有很大的发展需求和潜力。另外，堆肥技术可以作为生活垃圾处理的辅助手段。通过堆肥处理使生活垃圾的含水率下降，加速垃圾的稳定进程，有利于减少垃圾填埋时渗滤液的产生量并减少渗滤液中的有害物质含量，也能提高垃圾焚烧处理的效率。

看来，堆肥技术只适合处理生活垃圾中的有机物，其他垃圾怎么办？我们还要继续探寻垃圾的"出路"！

## 垃圾变能源——焚烧发电

将垃圾用火烧掉是一种非常古老的做法。由于焚烧既可以处理垃圾又可以取暖，在 20 世纪初期，很多的英国家庭都装有家用焚烧炉，在美国住宅楼的地下室中则安装了整栋大楼的垃圾焚烧炉，垃圾投放口通过管道与焚烧炉相连，垃圾持续不断地掉进焚烧炉，使炉中的熊熊烈火长燃不熄。直到 20 世纪 50 年代，燃料油出现以后，人们才不再把垃圾作为燃料看待，所有过去作为燃料焚烧的东西，就都变成毫无用处的垃圾了。

图 2-9

　　古时的垃圾焚烧属于简易焚烧，人们并没有意识到垃圾焚烧时散发出的浓浓烟雾会污染环境。随着科技进步，垃圾焚烧技术经历了一百多年的发展，已经日臻完善，垃圾焚烧产生的烟气、废水、飞灰及灰渣污染都得到了很好的控制，所以垃圾焚烧技术得到了广泛的应用。

## 一、焚烧发电技术简介

　　焚烧发电技术是一种生活垃圾的高温热处理技术，它是指在温度 800 ℃ ~ 1 000 ℃ 的高温焚烧炉内，垃圾中的可燃成分与空气中的氧发生剧烈的化学反应，转化为高温的燃烧气和性质稳定的固体残渣，并释放出热量的过程。经高温焚烧，垃圾中的可燃成分被高温分解，一般可以减重 80%，减容 90% 以上，同时垃圾中的病原菌也被彻底消灭，焚烧产生的余热进行发电（供热）。据估算，国内采用机械炉排式焚烧炉的生活垃圾焚烧发电厂上网电量约为 250 ~ 350 千瓦时／吨，每

吨生活垃圾焚烧发电可节约标煤 81 ~ 114 千克，减排 202 ~ 283 千克一氧化碳。所以，焚烧发电技术可以同时实现垃圾处理无害化、减量化、资源化。

大家可能要问："为什么焚烧温度是 800 ℃ ~ 1000 ℃ 呢？"这是因为垃圾中的有毒有害物质（如二噁英等）在这个温度范围内即可完全被分解掉。

垃圾焚烧发电过程如图 2-10 所示。垃圾运输车经过地磅称量后进入垃圾倾卸区，把垃圾卸入垃圾储料坑内堆放、发酵、脱水。堆放 2 ~ 5 天后的垃圾由巨大的抓斗送入焚烧炉内焚烧。有人可能想问：垃圾焚烧厂堆放这么多垃圾，那得多臭啊？实际上，现代化的垃圾焚烧厂非常干净，完全闻不到异味。这是由于垃圾储料坑上部设有焚烧炉一次风机和二次风机的吸风口。风机从垃圾储料坑中抽取空气作为焚烧炉的助燃空气，同时这可使垃圾储料坑中保持负压，防止臭气外溢。垃圾坑中的渗滤液会喷入焚烧炉内或送到污水处理厂处理。

图 2-10

　　进入焚烧炉的垃圾在炉排上燃烧，产生的高温烟气进入余热锅炉后与锅炉中的水进行充分的热交换，产生蒸汽进入汽轮机发电或供热。除了垃圾焚烧发电厂自用电外，剩余电力全部并入电网。焚烧过程中产生的烟气需经过烟气净化系统"洗净"后由引风机引入烟囱排出。产生的灰渣分为两部分，一部分是从焚烧炉底部排出的炉渣，另一部分存在于烟气中，被称为飞灰。灰渣经过脱酸、脱硫、重金属吸附等处理后送到填埋厂填埋或制成砖用于铺路。工艺流程如图2-11所示。

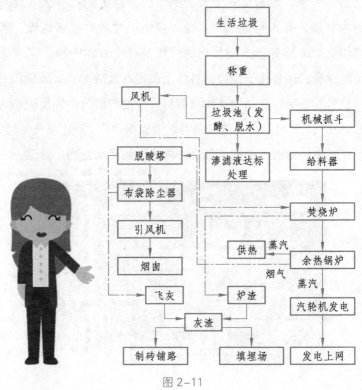

图 2-11

## 二、垃圾焚烧的主要设备——焚烧炉

垃圾焚烧炉是进行垃圾焚烧的主要设备。目前，世界上通用的垃圾焚烧炉主要有机械炉排式、流化床式和回转窑式三种。国外大量垃圾焚烧经验表明：机械炉排式焚烧炉和流化床式焚烧炉适合处理生活垃圾，回转窑式焚烧炉更适合处理危险废物。

### 1. 机械炉排式焚烧炉

这种炉型的应用占全世界垃圾焚烧市场总量的 80% 以上，具有技术成熟、运行稳定、适应性广，绝大部分固体垃圾不需要进行预处理可直接焚烧的优点，而且处理能力较大，稳定燃烧过程中不需要添加辅助燃料，飞灰产生量较少。但是机械炉排式焚烧炉不适合处理含水率特别高的污泥，大件生活垃圾进入焚烧炉前需要进行预处理。

垃圾在炉排上焚烧是一个复合过程，随着温度上升，垃圾会经历以下阶段：烘干→干馏→点燃→气化→燃烧→燃尽，相应的焚烧炉炉排也分为干燥段、燃烧段和燃尽段。

① 烘干：垃圾进入焚烧炉后，在炉排上形成料层。为缩短垃圾水分的干燥和烘烤时间，会通入高温烟气或废蒸汽对一次风进行加热，使垃圾的温度从室温升高到 100 ℃ 以上。此时产生的水蒸气被热空气或热烟气带走。

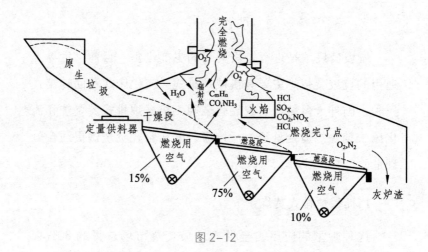

图 2-12

② 干馏：随着垃圾水分逐渐降低，料层温度逐渐上升到 250°C，垃圾中的某些有机成分开始从固态转化为气态，发生受热分解，释放出挥发分。这个阶段由于没有燃烧，所以不需要氧气。

③ 点燃：在温度达到 300°C 的区域，挥发分被点燃。

④ 气化：当挥发分被点燃后，垃圾料层温度会明显上升，达到 400°C 左右。这时氧气开始与垃圾料层热解后的碳发生气化作用生成一氧化碳等。对炉排来说，400°C 是保护炉排的一个温度限值，必须防止炉排表面的温度过高。

⑤ 燃烧：热解、气化产生的气态可燃物在空间燃烧，残碳在料层中燃烧，燃烧温度可达 1 000°C，这时火焰主要是在垃圾料层的上方，炉排在通风良好的情况下其温度仍在 400°C 左右。

⑥　燃尽：垃圾经完全燃烧后变成灰渣，在此阶段温度逐渐降低，炉渣被排出焚烧炉。

机械炉排式焚烧炉根据炉排的结构和运动方式不同有多种形式，但是燃烧的基本原理大致相同。各种炉排都会采取不同的方式使垃圾料层不断得到松动并使垃圾与空气充分接触，从而获得理想的燃烧效果。我国垃圾具有成分复杂、热值低、含水量高等特点，为保证焚烧炉出口温度稳定在850℃以上，需要在炉排上堆积足够高的垃圾。垃圾多了，又要保证垃圾燃烧充分，因此要求炉排片能够全方位、充分地翻转，搅动和疏松整个垃圾料层，同时还要求炉排片具有减少垃圾成团、结块的功能，使垃圾完全燃烧。为了满足这些要求，弥补现有技术的不足，重庆垃圾焚烧发电技术研究院针对中国垃圾特点开展垃圾焚烧发电关键技术研发，先后研发出顺逆推炉排综合系统、具有横向运动的往复式炉排系统、顶面存在高度差的炉排片等技术，获国家发明专利 37 项，已应用于广东、江苏、山东、四川、重庆等地的 84 个城市，建成 182 条生产线，年处理垃圾约 3 000 万吨。

## 2. 流化床式焚烧炉

流化床式焚烧炉可以对任何垃圾进行焚烧处理，适合焚烧发热量低的垃圾，包括高水分的污泥类物质。它的最大优点是可以使垃圾完全燃烧，并对有害物质进行最彻底的破坏，一般排出炉外的未燃物均在 1% 左右，燃烧残渣最低，且灰

渣中不含有机物和可燃物，无异味，可直接填埋或综合利用。

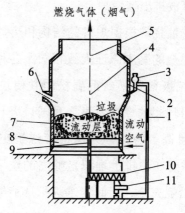

1—流动媒体（沙）循环装置；2—二次助燃空气喷射口；3—供料器；
4—流化床炉内；5—二次燃烧室；6—助燃器；7—流动媒体；
8—散气板；9—不燃物排出管；10—不燃物排出装置；
11—振动分选。

图2-13　流化床式焚烧炉

　　流化床式焚烧炉处理垃圾的过程：垃圾被粉碎后从流化床焚烧炉的上部或侧部送入炉内，垃圾和炉内650℃～800℃的高温流动沙接触混合后发生激烈的翻腾和不断的循环流动，产生汽化并燃烧。未燃尽成分和轻质垃圾一起在上部燃烧室悬浮燃烧，不可燃物和流动沙沉到炉底，一起被排出，被分离后流动沙流回炉内循环使用。

　　由于垃圾需在流化床式焚烧炉内呈沸腾燃烧状态，所以进入流化床式焚烧炉的垃圾必须经过预处理，使之尺寸不大于50毫米。而至今世界各国的垃圾预处理技术尚不成熟，

预处理装置的运行还不够稳定。另外，流化床式焚烧炉的运行和操作技术要求较高。如果垃圾在炉内沸腾温度过高，则大量的细小物质会被吹出炉子；如果沸腾不完全，又会降低处理效率。这些因素在一定程度上影响了流化床式焚烧炉的应用。

### 3. 回转窑式焚烧炉

用回转窑式焚烧炉进行焚烧是一种成熟的技术。回转窑式焚烧炉通常包括废弃物接纳贮存、进料、炉体、废热回收和二次污染控制等部分。窑身是倾斜布置、低速回转的圆筒，垃圾从高端送入，在筒内翻转燃烧，直至燃烬从下端排出。

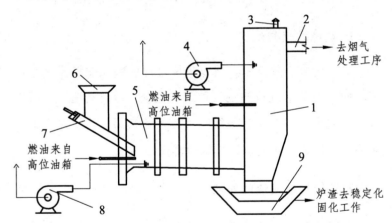

1—二燃室；2—烟道；3—紧急排放阀；4—二燃室燃烧风机；5—回转窑；
6—给料斗；7—推杆器；8—回转窑风机；9—刮板出渣机。

图 2-14 回转窑式焚烧炉

回转窑的特点是燃料适应性广，可焚烧不同性能的废弃物，并能长时间连续运行。但是回转窑在对发热量较低、含

水率高的垃圾进行焚烧时存在一定的问题。并且，回转窑的处理量并不是很大，设备的封闭性要求高，成本高，价格昂贵，回转窑的经济性也不被看好，其主要应用在焚烧医疗垃圾或者其他危险废弃物。

### 三、垃圾焚烧的产物及处理

焚烧技术可以快速地消灭大部分困扰人类的生活垃圾，但是在巨大的焚烧炉"吃掉"垃圾的同时，也产生了一些新的物质：烟气、灰渣（包括底灰和飞灰）。它们对人类和环境有什么危害呢？聪明的人类又找到了解决的办法吗？

#### 1. 焚烧烟气的处理

生活垃圾成分复杂，所以焚烧过程中会发生许多化学反应，烟气中除了过量的空气和二氧化碳外，还有粉尘、酸性气体、重金属和有机污染物四类焚烧烟气污染物，对人类和环境有直接或间接危害，具体请看表2-2。

#### 2. 垃圾焚烧灰渣的处理

焚烧灰渣分为两部分，一部分是炉渣，即焚烧后从焚烧炉下部排出的残余物，主要是灰分及不完全燃烧的残余物；一部分是飞灰，是由除尘器等设备捕集下来的烟气中的颗粒物。通常情况下，由于飞灰中重金属含量比炉渣多，因此，飞灰与炉渣需要分别处理。我国《生活垃圾焚烧污染控制标

表2-2　烟气污染物

| 主要污染物 | 污染物组成 | 危害 | 处理方法 |
|---|---|---|---|
| 粉尘 | 惰性金属盐类、金属氧化物或不完全燃烧物质等颗粒物 | 其中含有的重金属元素,可能致癌、致突变、致畸性 | 采用高效除尘器(如机械除尘器、过滤式除尘器、湿式除尘器和电除尘器)进行净化。目前除尘效率较高且应用最为广泛的是布袋除尘器,除尘效率可以达到99%以上 |
| 酸性气体 | 氯化氢(HCL)、氟化氢(HF) | HCL和HF都是无色有刺激性气味的气体,极易溶于水,毒性强。HCL可能腐蚀人类的皮肤和黏膜,甚至导致肺水肿或致死;会导致植物叶子褐色坏死;会腐蚀焚烧设备。HF容易造成人体骨骼、牙齿畸形。焚烧过程中HF比HCL产生量少 | ①湿法洗涤法:利用碱性溶液作为吸收剂,对焚烧烟气进行洗涤,通过酸碱中和反应将HCL和$SO_x$去除。效率高,可以去除HG等高挥发性重金属,但投资高,耗水电,产生废水需处理②干法净化:石灰粉末喷入炉内或烟道内,使之与酸性气态污染物反应,然后进行气固分离。投资低、操作维护简单,耗水电少,药剂消耗大,去除效率较低③半干法:利用雾化器将熟石灰浆喷入反应器,烟气与石灰浆接触反应,水分在反应器内完全蒸发,不产生废水。去除效率高但系统复杂 |
| | $SO_x$(主要是$SO_2$) | $SO_2$影响人体的呼吸系统,严重可致死亡 | |

续表

| 主要污染物 | 污染物组成 | 危害 | 处理方法 |
|---|---|---|---|
| 酸性气体 | $NO_x$（以NO为主，其含量高达95%以上） | NO 本身无刺激性，但能作用于动物的中枢神经系统，损害人和动物的各组织，浓度高时短时间即可引起麻痹、惊厥甚至死亡 | ① 燃烧控制法：通过低氧气浓度燃烧，避免高温来控制 $NO_x$ 的产生，但是氧浓度低时易引起不完全燃烧，产生 CO 进而产生二噁英<br>② 无氧化剂脱氮法：向焚烧炉内喷尿素或氨水，生成氮气从而去除 NOx<br>③ 催化脱氮法：在催化剂表面有氨气存在下，将 NOx 还原为氮气 |
| 重金属污染物 | 铅、汞、铬、砷及其化合物、其他重金属及化合物 | 不能被微生物分解，并且会在生物体内富集或形成其他毒性更强的化合物，通过食物链对人体造成危害 | 重金属以固态、气态和液态的形式进入除尘器，当烟气冷却时，气态部分转变为固态或液态微粒，被除尘器净化，其中挥发性强的重金属仍为气态，可采用向烟气中喷入粉末状活性炭来吸附 |

| 主要污染物 | 污染物组成 | 危害 | 处理方法 |
|---|---|---|---|
| 不完全燃烧污染物 | 二噁英、呋喃及其他有机物 | 有剧毒，可以从呼吸道、皮肤和消化道进入人体，导致严重的皮肤损伤性疾病，具有强烈的致癌、致畸作用 | ① 注重垃圾分类，减少生活垃圾中的氯：有机氯化物主要分布在废塑料、废纸、废木料及草木中；无机氯化物主要分布在厨余、灰土中 ② 将炉膛内垃圾燃烧温度保持在850℃以上，确保烟气停留时间不少于2秒，氧气浓度大于6%，二噁英会被分解 ③ 缩短烟气在处理和排放过程中处于300℃～500℃的时间，避免二噁英生成 ④ 采用活性炭吸附的净化措施：在除尘器滤袋前喷射活性炭吸附，让活性炭与烟气混合均匀，起到吸附净化作用 |

准》（GB18485-2001）中明确规定："焚烧炉渣与除尘设备收集的焚烧飞灰应分别收集、贮存和运输，焚烧炉渣按一

般固体废物处理,焚烧飞灰应按危险废物处理。"

炉渣属于一般废物,可直接填埋或作建材使用。但是由于焚烧的垃圾组成复杂,炉渣中可能含有玻璃、陶瓷碎片和铁、铜、铅等重金属物质,这些物质有的可作为资源再次利用,有的可能会在填埋或利用过程中造成环境污染。为了更好地利用和处理炉渣,通常可先采用筛分、重力分选、磁选等多种方式分选出灰渣中的金属、大块块状物和灰分,再对炉渣中含有的重金属进行固化处理,然后再对炉渣进行处理和利用,一般的处理方法有:①加入水泥固化后制砖,用于铺路;②送入垃圾卫生填埋场填埋。

对于飞灰,一般采用固化处理技术,如水泥固化、沥青固化、塑料固化、烧结法、石灰固化等。飞灰固化后送入填埋场填埋,重金属被封固在材料里,不会对环境造成污染。

四、垃圾焚烧发电技术在我国的应用现状

垃圾焚烧发电技术具有处理周期短、占地面积小、减量化程度高等优点,在经济发达、土地资源紧张的国家应用较多。我国垃圾焚烧发电起步较晚,但发展迅速。1988年深圳建成了我国第一座引进日本三菱马丁设备和技术的垃圾发电厂——深圳市环卫综合处理厂,随后珠海、上海浦东和浦西、宁波、杭州、温州、苏州、常州、重庆、成都、广州、福州等多个城市的垃圾焚烧发电厂相继建成投产。2006年全国有

垃圾焚烧发电厂 70 座，2010 年全国已建和在建的垃圾焚烧
发电厂已超过 170 座，2016 年焚烧厂数量增长到 299 座，焚
烧处理能力由 3.1 万吨／日增长到 28 万吨／日，焚烧处理
占比由 13.8% 提高到 37.5%。卫生填埋所占比例则由 81.7%
降低到 62%。目前，焚烧处理是我国生活垃圾处理的主要方
式之一，仅次于卫生填埋。我国生活垃圾处理正从卫生填埋
逐步转向焚烧处理。

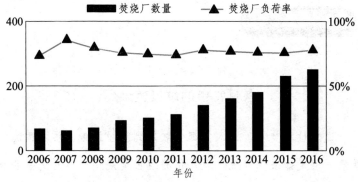

图 2-15 2006—2016 年我国城市生活垃圾焚烧处理发展情况

据统计显示，2016 年年末我国焚烧发电项目总装机容量
543 万千瓦，总处理能力 28 万吨／日，其中采用炉排炉技术
的焚烧项目装机容量为 407.2 万千瓦，处理能力 22 万吨／日；
采用流化床技术的焚烧项目装机容量为 135.8 万千瓦，处理
能力 6 万吨／日。相比 2010 年，炉排炉的装机占比从 37%
提高到 75%，日处理能力占比从 46% 提高到 79%。炉排炉技
术逐步占据了我国垃圾焚烧处理方式的主导地位。

图 2-16 2010、2016 年我国不同焚烧炉类型发电项目规模和处理能力对比

小链接

## 各具特色的垃圾焚烧厂

说起垃圾焚烧厂，人们都会联想到垃圾满地、污水横流的景象，但是如果你参观过现代化的垃圾焚烧厂，你的想象会被彻底颠覆。现代化的垃圾焚烧厂不仅干净整洁，闻不到一丝一毫异味，有些垃圾焚烧厂还成了当地的地标性建筑。

1. 融技术、生态、艺术为一体的舞洲垃圾焚烧厂

舞州垃圾焚烧工厂位于日本大阪的一个人工岛上，是一座色彩缤纷、造型独特的建筑，如果不加说明，大概很多人会误以为那是一个主题公园或是一座环球影城。

舞洲垃圾焚烧厂的外观由奥地利著名生态建筑设计师设计，

有着五百多个形状各异的窗户，其中八成是装饰品，天蓝色大烟囱上的红黄相间条纹象征燃烧的火焰，建筑全体被植物覆盖，曲线设计和大片绿植相互映衬，大大减少了钢筋水泥的冰冷感，体现了建筑与自然环境的融合。

　　焚烧厂占地面积 3.3 万平方米，整体造价为 609 亿日元（约合 35 亿元人民币）。焚烧厂于 2001 年 4 月竣工投产后 24 小时连续运转，每天可燃烧处理 900 吨普通垃圾和 100 多吨大型垃圾。焚烧垃圾产生的废气在被送到烟囱之前，要经过三道过滤程序，最大限度地限制了二噁英的产生，所以垃圾厂周围的天空看起来总是洁净通透。

　　舞洲垃圾焚烧厂除了处理垃圾,还肩负着环保宣传的重任。市民和游客只要提前预约,就可以进入参观。在这里,垃圾处理的所有环节都进行了透明化的密封,让来访人员可以清晰、直观地了解垃圾处理全过程。为了激发孩子的兴趣,舞洲焚烧厂建有科普观摩走廊,有介绍环保知识的大屏幕和模拟现场的小设备,让孩子们亲身体验垃圾自动筛选和动力发电的乐趣。

　　2. 世界上最美的垃圾焚烧厂——丹麦"能源之塔"

　　丹麦是世界上最早对垃圾处理立法的国家,位于丹麦的罗斯基勒自治市的垃圾焚烧厂——能源之塔是当地的地标性建筑,有"世界上最美的垃圾焚烧厂"的美誉。能源之塔下部设计与周围工厂的尖角屋顶类似,上部的尖塔造型则与当地著名的罗斯基勒大教堂相呼应。焚烧厂的外墙经过颜色处理并带有很多

圆孔的铝板。白天，具有艺术性的造型与蓝天白云交相辉映，成为靓丽的风景。夜晚，在灯光照耀下，多孔的设计使焚烧塔就像散发微光的灯塔。每隔一会儿，灯光变换，星星之光幻化为熊熊"火焰"，当"火焰"退去，微光回归，焚烧塔看起来如同燃烧的灰烬，令人叹为观止。

除了令人炫目的"颜值"，能源之塔还具有强大的垃圾处理能力。它的年处理垃圾量为 35 万吨，能源利用率高达 95%，能够同时提供电能和热能，可为 6.5 万户人家供电，为约 4 万户人家供暖。

3. 可以滑雪的垃圾焚烧厂

在哥本哈根，正在建设一座名为 ARC（Amager Resource Center）的垃圾焚烧厂。ARC 焚烧厂投产以后，主要处理 50 万～70 万居民和至少 4.6 万家公司产生的生活垃圾，年处理量将达到 40 万吨，将为 6.25 万户居民提供电能，为 16 万户居民直接供热。

　　最令人惊讶的，这座垃圾焚烧厂还设有滑雪场及其他休闲娱乐设施。焚烧厂的顶部建有长达 1 500 米的人造滑雪道，这些滑雪道是由回收利用的合成物料构成。滑雪道分为蓝道、绿道和黑钻滑道 3 种难度，滑雪爱好者们可以乘坐电梯到达不同赛道，而焚烧厂透明化的内部设计，使公众在乘坐电梯过程中可以观看焚烧厂内垃圾处理的情况。不仅如此，焚烧厂建筑外侧种满绿色植被，远看就像一座山。"山"周围的土地被开发成一个公园，供游客们在夏天前来郊游。高约 300 英尺（约合91.5 米）的焚烧厂厂房也被利用起来，设计了一面等高的攀岩壁。除了滑雪道、攀岩壁，这里还设有咖啡厅、儿童游乐场等设施，真是集垃圾处理、供热供电和休闲、娱乐于一身的好地方！

　　这座焚烧厂还设有一个特殊的烟囱：每排放一吨二氧化碳，就会吐出一个直径 15 米大小的烟圈。经过特殊的过滤处理，这种烟圈几乎完全由水蒸气和一点儿燃烧后产生的二氧化碳组成，无毒无害。这种设计的目的是希望通过烟圈这种生动有趣且容

易量化的形式，引起人们对碳排放的重视。

4. 垃圾焚烧厂上的旋转餐厅

北投垃圾焚烧厂位于我国台北市，1999 年建成，每天可处理垃圾量为 1 800 吨。它的标志是高 120 米的彩虹烟囱。你一定想不到，这座漂亮的烟囱上竟然还藏着一家旋转餐厅——摘星楼。摘星楼是全球首创的烟囱景观旋转餐厅，也是台北市视野最广的餐厅，时时以慢速旋转，所有座位都紧靠窗户，使在餐厅用餐的客人在不同时间可以看到不同的景色，晴天可远眺阳明山、大屯山系，淡水河、基隆河就在脚下交汇，夕阳西下时，淡水河口观音山的落日美景一览无遗。夜景尤其美，整个台北市尽收眼底。餐厅每晚还有现场歌手演唱。

　　台北市政府认为，垃圾焚烧厂具有一定的扰民性，所以在垃圾焚烧厂周围建有"回馈市民设施"。如北投垃圾焚化厂周边一派绿意盎然，建有大型文体中心，内设SPA区水疗按摩池、温水游泳池、各类球场等，周边地区的市民可凭身份证明免费入场。文体中心南侧是拥有120多个学位的幼儿园，每年报名人数众多，学位供不应求。

　　这些极具特色的垃圾焚烧厂已经与周边环境融为一体，成为当地一道亮丽的风景线。不仅如此，这些垃圾焚烧厂采用提升污染物排放水平、实时公开污染物排放信息、向公众开放厂区、向周边居民供热等措施，消除了普通大众对垃圾焚烧的误解和对二噁英等污染物的恐惧，逐渐化解了"邻避效应"，值得我们学习和借鉴。

## 垃圾变资源——分类收集、分别利用

　　从垃圾的三次"变形"可以看出，目前卫生填埋、焚烧发电和堆肥三种垃圾处理方法中最适合我国国情的垃圾处理方式是垃圾焚烧发电，可以快速地实现垃圾的减量化、无害化，焚烧产生的热能用来发电则实现了垃圾的资源化。但是，这真的是我国处理垃圾最好的办法了吗？实际上，大部分人不了解的是，让我们如此纠结、烦恼的垃圾中其实蕴含着大量的资源。

图 2-17

生活垃圾中的废纸、塑料制品、金属、玻璃都可以回收再利用。例如，每回收一吨废纸，可造好纸 0.85 吨，节省木材 3 立方米，节省碱 300 千克，比等量生产好纸减少污染 74%；每回收一吨废塑料可生产 0.37～0.73 吨汽油或柴油；每回收一吨废钢铁，可炼好钢 0.9 吨，比用矿石炼钢节约冶炼费 47%，还可以大大地减少空气、水、固体废弃污染物的使用量；利用碎玻璃再生产玻璃，可节能 10%～30%，减少空气污染 20%，减少采矿废弃的矿渣 80%。据相关部门测算，全国城市每年处理生活垃圾所需的运输费、处置费约 300 亿元，而将垃圾综合利用却能创造 2 500 亿元的效益。《北京市城市生活垃圾焚烧社会成本评估报告》指出："如果实施

分类减量，实现源头分类、厨余单独处理、可回收物资源回收利用，能够使得生活垃圾管理社会成本从 2015 年的 42.2 亿元降低至 15.3 亿元，降低 64%。同时，北京市规划兴建的十一座焚烧厂中三分之二将存在闲置风险。"

　　因此，人类对待垃圾的方式不应该仅仅是控制和销毁。从垃圾产生的源头开始，实施垃圾分类投放、分类清运和分别处理，使无用的垃圾重新变成有用的资源，形成"资源 – 垃圾 – 资源"的良性循环，这才是垃圾最完美的"变形"。

# 大众齐分类，资源再循环

要想垃圾变资源，垃圾分类是必不可少的环节。垃圾分类是指按照垃圾的不同成分、属性、利用价值、处置方式等要求将垃圾分为若干种类，可以回收再利用的垃圾（如废纸、废塑料、废玻璃、废金属等）通过技术处理变废为宝；有机易腐垃圾用来堆肥或沼气发电；有害垃圾进行无害化处理；热值高的垃圾用于焚烧发电。

图 3-1

垃圾分类作为垃圾处理的前端环节，其作用早已得到世界的公认。科学的垃圾分类，是

垃圾减量化、无害化、资源化处理的基础。垃圾分类既可以减少垃圾处理量，降低垃圾无害化处理费用，减少垃圾对环境的污染，更能使有限的自然资源得到重复利用。既然垃圾分类有如此多的好处，为什么我国一直没有广泛地开展垃圾分类呢?

　　其实，早在 2000 年我国就确定了 8 个"生活垃圾分类收集试点城市"，分别是北京、上海、南京、杭州、桂林、广州、深圳、厦门，但是十多年过去了，垃圾分类收效甚微。究其原因，一方面是公众缺乏垃圾分类意识;另一方面是垃圾分类的后续处置设施和处置方法不完善，导致前期的垃圾分类沦为"无用功"，打击了公众的分类积极性。

前功尽"弃"　　　　　　新华社发　蒋跃新　作

图 3-2

　　2017 年，国务院办公厅转发国家发展改革委、住房城乡建设部印发的《生活垃圾分类制度实施方案》（以下简称《方案》），部署推动我国的生活垃圾分类工作。目标是到 2020 年年底，基本建立垃圾分类相关法律法规和标准体系，形成可复制、可推广的生活垃圾分类模式。按《方案》要求，全国将有 46 个城市先行实施生活垃圾强制分类，这些城市于 2017 年年底前制定出台办法，细化垃圾分类类别、品种、投放、收运、处置等方面要求。同时，制定居民生活垃圾分类指南，引导居民自觉、科学地开展生活垃圾分类，并加强生活垃圾分类配套体系建设。《方案》的实施，实现了我国垃圾分类工作从无到有的突破。

　　在《方案》中重点提到了三类生活垃圾，分别是：易腐垃圾、可回收物和有害垃圾。除此之外，还有一些垃圾被称为"其他垃圾"。下面我们具体说说这四类垃圾。

## 易腐垃圾——餐厨垃圾

### 一、餐厨垃圾的定义

　　餐厨垃圾，顾名思义，就是与餐厅、厨房有关的垃圾，主要包括餐馆、饭店、单位食堂等产生的饮食剩余物，后厨的果蔬、肉食、油脂、面点等加工过程中产生的废弃物和家庭日常生活中丢弃的果蔬、食物下脚料、剩饭剩菜、瓜果皮等易腐有机垃圾。由于饮食文化和聚餐习惯，我国餐桌浪费惊人，经常出现"一分钟前是佳肴，一分钟后变垃圾"的现象。根据统计数据表明，中国城市每年产生的餐厨垃圾不低

于 6 000 万吨，约占城市生活垃圾总量的 30% ~ 60%。

相关单位食堂、宾馆、
饭店等产生的餐厨垃圾

农贸市场、农产品批发市
场产生的蔬菜瓜果垃圾、
腐肉、肉碎骨、蛋壳、畜
禽产品内脏等

**易腐垃圾**

图 3-3

　　2013 年以"光盘"为主题的活动引发关注后，很多人开始以"餐厅不多点、食堂不多打、厨房不多做"为宗旨，以自己的行动践行着"厉行节约、反对浪费"的理念，希望达到从源头上减少餐厨垃圾的目标。但是由于习惯及"宁愿剩不愿少"的老思想影响，改变并非一朝一夕可以完成，所以实现这一目标还任重而道远。

**小链接**

### "光盘"行动

　　"全世界饥饿人口超过 10 亿！全球平均每年因饥饿死亡的人数达 1 000 万，每 6 秒就有 1 名儿童因饥饿而死亡！如果我

们每天的食物减少浪费 5%，就可救活超过 400 万的饥民！"这是"光盘行动"宣传单上的话，相信任何人看到这样触目惊心的数字，都无法再忍心倒掉盘中的食物。

　　2013 年 1 月，有三个热心公益的志愿者在网络上发出"从我做起，今天不剩饭"的号召，迅速得到了很多人响应，"光盘"行动至此开始。志愿者通过发布微博、设置展板、送纸质宣传单和海报到各个餐厅、加油站点等多种方式进行宣传，提倡市民在饭店就餐后将剩饭剩菜打包，"光盘"离开，形成人人节约粮食的好风气。短短一个月内，"光盘行动"在微博上被转发约 5 000万次，在北京实地发放宣传单页 6 万份，在餐饮企业张贴海报5 000 余张。一时之间，晒出自己吃得一干二净的盘子成为风尚。

　　随后，国家旅游局也号召餐饮行业建立"节俭消费提醒制度"。餐馆开始提供半份餐服务。北京众多餐厅开启了行业内的"光盘行动"，推出"半份菜""小份菜""热菜拼盘"等活动，为鼓励顾客把没吃完的剩菜带走，餐馆还提供免费打包服务。

## 二、餐厨垃圾哪儿去了？

目前，我国生活垃圾仍采取混合收集方式，居民家庭产生的餐厨垃圾与其他生活垃圾混合由市政环卫部门统一收集以填埋、焚烧的方式处理，而餐饮服务业的垃圾则主要由城郊养猪场收购，用于饲养生猪。近年来，北京、上海、杭州、深圳、青岛等部分城市已经根据各自实际情况颁布了餐厨垃圾的管理办法或法律法规，对餐厨垃圾的使用采取强制性规定，禁止将未经无害化处理的餐厨垃圾作为饲料。

实际上，餐厨垃圾含水量高、容易腐烂并散发臭味，污染环境，不适合直接填埋或者焚烧，所以将餐厨垃圾单独处理成为目前城市生活垃圾处理的重要趋势。我们一起看看国外餐厨垃圾的处理方法。

### 1. 美国

美国各州对处理餐厨垃圾的政策和方式各有不同，如在加利福尼亚，主要采用餐厨垃圾发电技术，在旧金山市利用餐厨垃圾发酵后产生的甲烷发电。在美国的中西部地区，蚯蚓堆肥、密封式容器堆肥处理餐厨垃圾的应用十分普及。

另外，美国非常重视餐厨垃圾就地减量化处理，通常在餐厨垃圾产生量较大的地方设置餐厨垃圾粉碎机和油脂分离装置，分离出来的垃圾排入下水道，油脂则送往相关加工厂（如制皂厂）加以利用。对于餐厨垃圾产生量较小的单位如居民厨房，则被混入有机垃圾中统一处理或通过安装餐厨垃圾处理机，将垃圾粉碎后排入下水道。

### 2. 日本

日本注重从源头上减少餐厨垃圾的产生，先后颁布了《食品再生法》和《食品废弃物循环法》，号召全社会要杜绝严重的食品浪费现象，并且规定食品垃圾要进行回收和利用，要求食品加工业、大型超市、饭店和各种餐馆与农户签订合同，将不能使用的蔬菜坏叶和果皮等制成堆肥。规定餐饮业有义务对食物垃圾再资源化，五年内要将有机肥料的再生率提高 2 倍。后来修改的《食品循环资源再生利用促进法》，规定食品废弃物资源化利用主要是抑制发生、循环利用、减量处理，并提出餐厨垃圾再生利用率达到 40% 的目标。

目前日本餐厨垃圾回收利用有两种方式：一是将餐厨垃圾分离为废弃油脂和固体餐厨垃圾。废弃油脂经过生物降解，转化为生物柴油，可供垃圾车、公交车使用。剩下的固体餐厨垃圾经厌氧发酵可生成沼气用于发电。二是将餐厨垃圾中的有机物质经科学高温无害化处理后，转化为饲料和肥料。日本的 SOKEN 公司开发出一种食品残渣处理设备，可以将剩饭、剩菜或菜叶等高速发酵、分解和干燥，在 18 ~ 24 小时内变成农业使用的堆肥。

### 3. 英国

英国处理餐厨垃圾的方式是将餐厨垃圾集中堆肥，制成有机肥料。2011 年，英国建成了全球首个全封闭式餐厨垃圾发电厂。目前，该厂平均每天可以处理 12 万吨餐厨垃圾，发电 150 万千瓦时，可供数万户家庭 24 小时用电。

### 三．餐厨垃圾如何变废为宝

近年来，随着大众环保意识的不断增强和科学技术的迅猛发展，越来越多的人开始关注餐厨垃圾的处理及资源化利用，除了仅仅将餐厨垃圾处理掉的传统技术如焚烧、填埋、机械破碎等方法外，聪明的人类研发出多种使餐厨垃圾资源变废为宝的技术，具体见表 3-1。

表 3-1　餐厨垃圾处理技术

| 处理技术 | 具体方法 | 优点 | 缺点 | 对环境的影响程度 |
|---|---|---|---|---|
| 好氧堆肥 | 在有氧条件下，利用好氧微生物对有机质进行生物降解，最终形成稳定的高肥力腐殖质 | ①垃圾减量明显；②技术简单、成熟可靠、易于推广；③成本低，可操作性强；④产品性能稳定 | ①需较大面积的处理场地；②处理时间长；③垃圾中的高盐高油会导致处理周期延长和堆肥品质降低 | 易产生难闻的臭气和污水，造成二次污染 |

续表

| 处理技术 | 具体方法 | 优点 | 缺点 | 对环境的影响程度 |
|---|---|---|---|---|
| 蚯蚓堆肥 | 在好氧堆肥的基础上投入蚯蚓，加速堆肥的稳定化过程 | ①可以降低重金属含量和碳氮比，提高堆肥肥效；②繁殖出的蚯蚓是高蛋白饲料、药用药材和化妆品添加剂原料；③蚯蚓的粪便是高肥效生物肥 | ①蚯蚓对其生长环境要求高，需适宜的温度、湿度、pH值等；②发酵产生的高温、放出氨气、甲烷等有害气体可能使蚯蚓中毒身亡；③生活周期长、繁殖率低，需预堆肥导致蚯蚓堆肥的周期较长 | 过程中会产生甲烷及其他臭气 |
| 生态饲料 | ①采用高温脱水、发酵脱水等方式生产干饲料②发酵后以流体形式喂饲禽畜 | 富含多种有机物及氮磷钾钙等各种微量元素 | 具有潜在的食物链风险 | 不会造成二次污染 |

续表

| 处理技术 | 具体方法 | 优点 | 缺点 | 对环境的影响程度 |
|---|---|---|---|---|
| 厌氧消化 | 制燃料乙醇 | ①燃料乙醇属可再生能源，这一方法可缓解燃料不足问题；②成本低 | 技术还有待完善 | 不会造成二次污染 |
| | 制氢 | 与传统制氢方法相比较，成本低、能耗小 | | |
| | 制沼气 | ①技术成熟；②产品为优质燃料，经济利用价值高；③发酵后的沼渣沼液都可以利用 | 投资大、配套设施多、工艺流程长 | |
| | 发酵产生乳酸，合成可降解性塑料 | 制成的生物降解塑料可代替普通塑料制品，解决了"白色污染"问题 | 技术还有待完善 | |

### 餐厨垃圾管理的成功范例——西宁

　　餐厨垃圾资源化处理的一个重要前提是生活垃圾分类投放，可是在国内大多数城市，餐厨垃圾仍与其他生活垃圾混合堆放或直接排入下水道，未建立行之有效的餐厨垃圾分类收集机制和规范的收运方式，而青海省西宁市是我国目前唯一一个全面覆盖城区全部餐厨垃圾收运和处理的省会城市。

　　2009 年，国内第一部有关餐厨垃圾管理的地方性法规《西宁市餐厨垃圾管理条例》公布实施。依据该条例，西宁市餐厨垃圾处理实行餐厨垃圾的收集、运输和处置一体化。经政府公开招标后，确定由青海洁神环境能源产业有限公司负责。青海洁神公司首先与市区内的餐饮单位签订收运合同书，规定餐饮单位要确保所产生的餐厨垃圾全部由青海洁神公司收运并处理，不得排入下水道或交由私人收运处理，同时承诺向餐饮单位提供专用的餐厨垃圾桶，实行定时定点收运，确保餐饮单位的餐厨垃圾日产日清。青海洁神公司采用餐厨垃圾专用运输车将收运到的餐厨垃圾运送到餐厨垃圾处理厂，经过破碎、脱水、干燥、冷却等工艺流程，生产出高蛋白饲料和生物柴油。截至 2014 年上半年，西宁市共有 3 100 多家餐饮单位参与，覆盖率达 90% 以上，累计处理餐厨垃圾 30 多万吨，生产蛋白饲料 7 600 余吨，生物柴油 2 500 余吨。

目前由于生态饲料存在"同源性"问题，青海洁神餐厨垃圾处理厂的饲料化技术工艺受到了政策限制，不再继续使用，后续经过技术改造，将采用厌氧消化产沼技术处理餐厨垃圾。虽然采用的技术有所改变，但是西宁市采取的一系列措施既保证各餐饮单位产生的餐厨垃圾未混入城市生活垃圾中，又避免这些餐厨垃圾被非法回收商用于养猪或炼制"地沟油"，这种"政府主导、市场参与、法制化管理"模式值得全国各城市借鉴、学习。

## 可回收物

可回收物是指回收后经过再加工可以成为生产原料或者经过处理可以再利用的物品，主要种类有：废纸、废塑料、废金属、废玻璃、废纺织物、废包装物、电子废弃物等。下面我们具体介绍每一类可回收物。

图 3-4

## 一、废纸

废纸，泛指在生产生活中经过使用而废弃的各种纸类制品。废纸种类繁多，并不是所有的废纸都可以回收，用过的餐巾纸、卫生纸和尿不湿等废纸都不能回收。可回收的废纸包括报纸、纸箱板、图书、杂志、各种本册、其他干净纸张，以及各类利乐包装牛奶袋、饮料盒等。

众所周知，人类生活中无处不在的纸是由树"变"来的。纸张的主要原料是木材、草、芦苇、竹等植物纤维，其经过纸张质量的筛选、加工，可以制成各式各样的纸产品。我国每生产一吨纸要耗费 3 立方米木材（约相当于 17 棵大树）和 100 立方米的水，同时还会造成严重的环境污染。而利用废纸做原料生产新纸，可以减少木浆、水、电的消耗，也能大幅降低生产过程中的有害气体和污水排放。

那么，废纸是如何变成可以再次使用的新纸的呢？我们生活中直接丢弃或卖给收废品人员的废纸会先由废品回收站进行初步分类、分别打包，然后发往不同的造纸厂。在造纸厂中，剪碎的废纸中加入脱墨剂后进入脱油墨室，油墨与杂质随泡沫漂浮到表面后被吸收装

图 3-5

置吸走，将净化的纤维浆浓度缩至 15%，再通过加热使纸纤维

膨胀,漂白后送入造纸设备,就会做出与新纸一样白的再生纸了。

目前我国造纸行业所需废纸的 36% 是来源于进口废纸,国内废纸需求量很大,但由于回收体系的缺陷,废纸回收量远达不到废纸需求量。废纸回收还需要社会全体公民的共同努力。而且,各种废纸回收前还要进行如表 3-2 的工作:

表 3-2  废纸回收前的工作

| 可回收废纸 | 回收前的工作 |
|---|---|
| 包装纸、旧杂志、图书、报纸、宣传单、信封、滚筒、日历、办公用纸、瓦楞纸等 | 回收前需要先去除塑料、封面、线圈、胶带、订书钉等非纸类回收物 |
| 快递包装纸、纸箱、购物纸袋 | 回收前先要除去胶带、拆开并压平 |
| 食品包装纸(利乐包、牛奶盒、果汁盒等) | 回收前要去除吸管、冲洗干净并压扁 |

**小链接**

## 废纸的妙用

### 1. 制成家居用品和家具

可以将旧报纸、旧书刊等废纸,卷成圆形细长棍,外裹胶纸,手工编织和制作地毯、坐垫、门帘等家居用品。20 世纪 80 年代,

用过期的挂历纸制成的门帘风靡一时。巧手主妇将颜色绚丽的旧挂历裁成细条，编织成门帘挂在门上，既装饰了家居环境，又可以起到防蚊的作用。

　　你能想象吗？设计师们用回收纸加胶水做出了混凝土风格的灯、大理石质感的家具、家居饰品等。

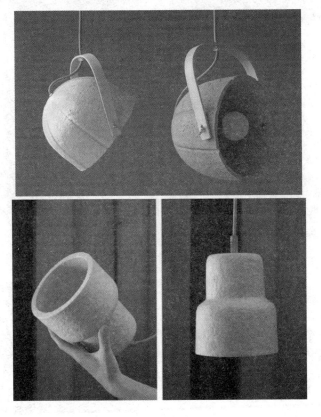

　　这张桌子和凳子可以看出是纸板做的，那下面的家具你看得出也是纸做的吗？

这些漂亮的花瓶、笔筒都是由废纸制成的。

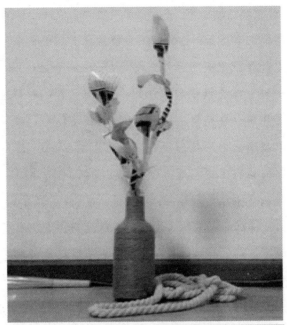

## 2. 纸浆模塑品

说到纸浆模塑品，你可能不了解是什么，但是你一定见过蛋托，它就是纸浆模塑品。纸浆模塑是一种立体造纸技术。它是以废纸为原料，在模塑机上由特殊的模具塑造出的一定形状的纸制品。它的原料来源广泛，包括各种废报纸、报纸边（未印刷的报纸）、瓦楞纸等，其制作过程对环境无害。纸浆模塑品被丢弃后，能在很短的时间内被分解，不会造成环境污染。纸浆模塑品强度较好、质量轻、适应性强，造价低，且可塑性、缓冲性、互换性、装潢性均较好，可以反复使用和回收再生。它用途广泛，可以制成各种形状，用来作为鸡蛋、水果、精密器件、易破易碎的玻璃、陶瓷制品、工艺品等的包装衬垫，有良好的缓冲保护性能。

## 3. 改善土壤

废纸还可以改善土壤？真是不可思议！据美国的土壤专家研究发现，废纸碎屑和鸡粪混合后加入土壤可以改善土质。经分析，鸡粪中的基肥细菌能使废纸屑迅速腐烂变质，就像肥料一样让土壤变得松软。在这种土壤中可以种植牧草和大豆、棉花、蔬菜等多种农作物且产量颇高，而且这种方法对土地没有任何副作用。

## 二、废塑料

塑料由于大多数具有质轻、化学性稳定、不会锈蚀、绝缘性好、导热性低、透明性好和耐磨耗性高、加工成本低等优越的性能，在全世界得到了广泛的应用，被称为当今不可缺少的三大合成材料之一。生活中常用的塑料制品有塑料袋、一次性餐盒、塑料饮料瓶、透明胶带、塑料管等。

图 3-6

轻便、防水、造价低廉的塑料袋是奥地利科学家马克思·舒施尼在 1902 年发明的，一经问世即受到了全世界人民的欢迎，成为大家出行购物的"神器"。虽然塑料袋给人类带来了前所未有的方便，但由于过量使用、回收困难、降解漫长等原因，"白色污染"成为世界性的环保难题，塑料袋的诞生被英国《卫报》评为 20 世纪人类"最糟糕的发明"。2008 年，我国颁布的"限塑令"使超市、商场的塑料购物袋使用量普遍减少 2/3 以上，但大多数菜市场、路边摊还是会无偿提供塑料袋。

塑料袋的问题还未解决，快递业务量的飙升和外卖行业的崛起又带来了惊人的塑料垃圾。以 2015 年的快递量为例，如果每个包裹使用的塑料胶带长度是 1 米，那么 2015 年中

国快递行业使用的透明胶带长达 169 亿米，可以绕地球赤道 425 圈。外卖行业大量消耗一次性餐盒和塑料袋，据某外卖官网统计，该公司每日订单达 1 200 万份，每天至少消耗 2 400 万个塑料品。

图 3-7

图 3-8

　　巨大的塑料消费量带给人们日常生活便利的同时，也带来了大量的废塑料。据环保部统计，2011年，我国仅一次性塑料饭盒及各种泡沫包装就高达9 500万吨，报废家电、汽车废旧塑料6 500万吨，再加上其他废弃塑料，总量已近2亿吨，而回收总量仅为1 500万吨，回收率不足10%。

　　目前，废塑料的处理主要有卫生填埋、焚烧和再生利用三种方式。由于废塑料不易降解，填埋后不但会侵占土地、严重阻碍水的渗透和地下水流通，而且塑料制品进入土壤会影响土壤内的物、热传递和微生物生长，改变土壤特性。同时，填埋法浪费了可利用的塑料资源。如果采用焚烧的方式处理废塑料，虽然可以回收热能，但是焚烧过程中产生HCL、二噁英等有害物质，对生态环境的破坏极大。因此，废塑料的再生利用是一项节约能源、保护环境的重要措施。

　　废塑料的再生利用方法有：简单再生法、改性再生法和气化法、裂解法等。简单再生法就是将废塑料分选、清洗、破碎、熔融、造粒后直接用于成型加工。这种方法工艺简单、成本低、所加工的塑料制品应用广泛，但是再生料的力学性能下降较大，不宜制作高档次产品。改性再生法是指通过机械共混或化学接枝对再生料进行改性。通常是在塑料原料中添加矿物质、弹性体、纤维、阻燃剂等，明显改善塑料的耐热性、抗老化性、耐蠕变性和耐疲劳性等性能。经过改性的再生制品可以制作高档次产品。

图 3-9

图 3-10

## 三、废金属

　　废金属是指暂时失去使用价值的金属或合金制品。金属制品在使用过程中被腐蚀、损坏或自然淘汰就产生了废金属。如果随意丢弃这些废金属，既会造成环境污染，又会浪费有限且不可再生的金属资源。生活垃圾中的废金属有金属材料

制成的易拉罐、罐头盒、厨房用具、报废的汽车零部件等。据统计，回收1吨废钢铁可炼得好钢0.9吨，与用矿石冶炼相比，可节约成本47%，同时还可减少空气污染、水污染和固体废弃物污染。可见，回收并循环利用废金属有着巨大的经济效益和社会效益。

图3-11

**小链接**

## 瑞典的易拉罐回收机制

瑞典的易拉罐回收机制是饮料业和饮料包装制造业成功参与环保事业的典范，值得我们借鉴和学习。

　　瑞典1981年建立易拉罐回收及保证金制度，使易拉罐的回收利用率保持在86%，处于世界最高水平。易拉罐回收过程是：消费者将用过的空罐放入销售点的专用回收机，回收机扫描易拉罐上的条码信息后，消费者会收到0.5克朗的有价凭证，这些有价凭证可以在此消费点购物支出或兑现。而回收机中收集的铝制易拉罐，会用专用集装箱运送到一家名为RETURPACK公司的处理厂进行分类、压扁和打包，然后由啤酒生产商接受并登记。RETURPACK公司根据此登记返还销售商付给消费者的押金及处理费用。这些被打包的易拉罐作为原料被送到熔炼厂熔化后做成铝锭材料，再被送至易拉罐生产厂重新加工。

　　瑞典在回收易拉罐获得成功后，又建立了与易拉罐回收制度类似的饮料塑料瓶回收保证金制度。目前每年经RETURPACK公司注册的塑料瓶包装饮料销售量达3亿瓶，空瓶回收率达79%。回收的塑料瓶按性质分别粉碎成两类原料，有的重新制成饮料塑料瓶，有的被卖给化纤厂制成化纤绒，用于生产绒衣、汽车的内部装饰材料或被褥的填充料等产品。

## 四、废包装物

　　随着人们生活质量的不断提高，生活消费品的数量、质量和种类不断增加，外包装也愈加精美复杂，随之而来的是越来越多的废包装物。废包装物有各种饮料瓶、矿泉水瓶、铝质易拉罐、啤酒瓶、酱油瓶、醋瓶、各种废旧纸箱、纸盒、乳品袋、利乐包和各种食品、药品、生活用品的塑料袋或玻

璃瓶及各种包装充填物 PS 发泡塑料等。废包装物种类繁多，按材质可分为纸包装、塑料包装、玻璃包装和金属包装四大类。大部分废包装物通过技术处理，都可以再利用或再生成新的制品，使资源得以循环利用。但我国除金属包装材料的回收利用率较好外，其他包装废弃物回收利用率较低。这是由于我国的垃圾没有分类，导致仅有部分废包装物由废品回收公司或流动小贩收购，交由一些工厂再利用，大部分废包装物被群众作为垃圾丢弃，由环卫部门清运、处理。据研究学者到两个生活垃圾填埋场调查结果显示，进入生活垃圾填埋场的废包装物数量非常大，分别占城市生活垃圾总量的 14.54% 和 18.99%。所以，做好垃圾分类，将废包装物回收再利用，既可以减少垃圾总量、保护环境，又有利于节约资源。

德国早在 1991 年就颁布实施了非常严格的《包装容器废物减量法》，规定由制造厂家负责废包装物的回收和再生利用，广大居民负责废包装物严格分类，并将其分为被污染和未经污染的。凡是能按要求完成这项工作的家庭，政府和社区管理部门将给予能源方面的奖励，而不能按要求完成的家庭，在购买电力和热力时将多付出几倍的金钱。

实际上，人类对废包装物的态度应该是"避免产生－循环使用－最终处理"。这就要求各生产厂家适度包装并尽快研发、使用绿色环保、易于处理的新型包装材料，如美国一家公司开发的新型可再生纸质包装，采用旧报纸为原料制成，可代替不易降解的泡沫塑料；食品包装、快递包装也是包装

家族中的大户，可食性包装正在研发中，而可循环使用的快递盒也已经在我国一些城市开始试用。

图 3-12

图 3-13

五、废旧纺织物

废旧纺织物可分为生活消费类、工业类、产业用消费类等。生活垃圾中涉及的废旧纺织物指的是生活类纺织废弃物，

包括服装、鞋帽、袜子、手套、床单、窗帘等，其中大部分是废弃不要的旧衣。

图 3-14

"新三年，旧三年，缝缝补补又三年""新老大，旧老二，缝缝补补给老三"，这些耳熟能详的言语描述的是我国20世纪60年代物质匮乏时期每家每户都节衣缩食的情景。由于布料紧缺，大家都常穿打补丁的衣服，当时的旧衣改造充分体现了国人的智慧：大改小、旧翻新、长裤变短裤、长袖变短袖，领子坏了换衣领、袖口破了补袖口，甚至可以将磨破的裤子改制成裙子、拉链上衣，无法再补又不能再穿的衣服，还可以拆了当补丁、纳鞋底。这些妙用和巧思让现在

的人惊叹，夜晚的灯光下妈妈缝补衣服的情景成为一代人的温馨记忆。以前我们总是担心衣服坏了没办法修补，但随着生活水平不断提高，现在令人头疼的是衣服总也穿不坏，所以既没有理由淘汰，又不会再穿，导致越来越多的家庭都面临着衣柜爆棚的问题，解决的办法无非是捐赠或丢弃。

欧洲国家的民众一般在礼拜天将旧衣送到教堂里，好一点儿的旧衣服经过消毒熨烫后会被送到流浪者救援站和养老院。还有一些富人区居民会定期将旧衣放在指定的超市里，让穷人按需领取。我国目前有 3 万多个旧衣捐助站点，年均募集废旧衣物过亿件，在扶贫济困、灾害救助等工作中发挥了作用。但是由于捐赠的旧衣需要存放、分拣、清洗、消毒、运送，这一系列环节所需要的成本有时已经高于衣物的价值，所以捐赠无法改变旧衣浪费的困局，还可能造成新的浪费。

实际上，只要我们将我国勤俭节约的优良传统传承下去，做到适度消费，就可以很好地减少旧衣浪费。绿色消费、节约消费在国外一些国家也已经兴起。如英国推行"戒买"行动，倡导购买服装上瘾的人们停止购买衣物一年，认真打理现有衣物，做到"衣尽其用"。美国有社区设"旧衣日"，当天社区的每个居民都必须穿旧衣服，无论休假在家还是走亲访友，哪怕出门参加庆典或看一场歌剧也不能破例。以此倡导绿色环保的现代理念，摒弃奢靡浪费的生活方式。

除此之外，就是要提高废旧纺织物的回收利用率。实际上，废旧纺织物浑身是宝。据国际回收局机构研究的结论：

每使用 1 千克废旧纺织物，就可降低 3.6 千克二氧化碳排放量，节约水 6 000 升，减少使用 0.3 千克化肥和 0.2 千克农药。据统计，2011 年我国废旧纺织物的产生量达到 2 600 万吨，综合利用率不足 10%。如果这个数字提高到 60%，则每年可产出化学纤维 940 万吨、天然纤维约 470 万吨，等于节约原油 1 520 万吨，节约耕地 1 360 万亩。

　　废旧纺织物应如何回收利用呢？最简单的利用方法是将废旧服装剪成小块，用作抹布；对破损程度不很严重的废旧地毯，经过修复、翻新后重新使用；在废旧纺织品中提取可再生纤维，可应用于家具装饰、服装、家纺、玩具和汽车工业等众多行业领域；将废旧纺织物开松后得到中短纤维与凝胶材料，用于开发系列轻质高强的建材产品，如复合墙材、木塑制品等；对于那些不能再循环利用的废旧纺织品可通过焚烧转化为热量，用来发电。

**小链接**

### 最大限度发挥服装价值——优衣库

　　我们所熟知的服装品牌优衣库秉承"最大限度发挥服装价值"的理念自 2001 年启动了全商品回收再利用活动。优衣库将顾客手上不再需要的本品牌服装回收后，捐赠给世界各地的难

民营，其余不能再使用的废旧服装，用作燃料和纤维进行循环再利用，消除浪费，避免废旧服装成为垃圾，以减轻对环境的压力。通过这一活动，优衣库已成为服装企业主动承担废旧服装回收及循环再利用的成功典范。

　　该活动目前已在全球10个国家和地区的优衣库和g.u.店铺开展。累计回收服装件数已达到2 897万件，向全球46个国家和地区共捐献了1 129万件服装。在我国，优衣库自2012年起在上海市内开展全商品回收再利用活动，总计收到可再穿旧衣达2.4万件，全部捐赠给上海对口援助的云南省省内贫困群体，覆盖云南全境各州县，包括东北部云贵川交接处的昭通市、西部大理白族自治州、德宏傣族景颇族自治州、怒江傈僳族自治州、保山市、北部迪庆藏族自治州、南部临沧市等。

优衣库中国事业自2012年起在上海市内开展全商品回收再利用活动，将回收到的旧衣裁剪捐给云南等。同时，让员工前往当地了解需和需求也非常重要。自2012年起，优衣库中国事业多次组织员工访问接受可再穿衣物的云南山区。

## 六、废玻璃

生活垃圾中的废玻璃一般都是日常生活中的玻璃包装瓶罐或碎了的玻璃制品、玻璃窗门等。由于废玻璃埋在地里几百年不降解，烧至 1 000℃ 不熔化，对环境有很大危害。如果回收 1 吨废玻璃，可以节约 0.58 吨标准煤，减少 1.26 吨二氧化碳气体排放，减少固体废弃物排放 1.16 吨。

废玻璃回收以后，可以利用碎玻璃料来生产玻璃微珠、玻璃马赛克、彩色玻璃球、玻璃面、人造玻璃大理石和泡沫玻璃、玻晶砖等。

泡沫玻璃是将废玻璃粉碎后，加入碳酸钙、碳粉一类发泡剂及发泡促进剂，混合均匀后装入模具经加热制成。它是一种优质的建筑、包装材料，具有隔热、隔音性好，不吸湿、耐腐蚀、不燃烧、可加工、易粘接加工等优点，可用于高层建筑、冷冻库、干燥室的天花板、侧墙等，起保温及隔音作用。

图 3-15

图 3-16

　　玻晶砖是一种新型环保节能材料,它主要以碎玻璃为主,掺入少量黏土等原料,经粉碎、成型、晶华、退火而成的。在生产过程中由于使用的黏土等资源较少,且烧成温度比陶瓷砖的烧成温度低,所以可大大节约能源,二氧化碳等废弃物排放量也减少了 25%。玻晶砖可以用来装饰地面、内外墙、

人行道、广场和道路，既美观又防滑、耐腐蚀，抗弯强度、隔热性、抗冻性都非常高。

**小链接**

### 国内首个专业化的废玻璃加工利用基地
### ——上海燕龙基再生资源利用示范基地

虽然废玻璃回收利用后应用广泛，但是由于废玻璃经济价值低、不易收集、运输成本高，所以专门从事废玻璃回收的企业较少，导致废玻璃回收利用率低。

但是，上述难题已经被上海燕龙基集团一一破解，其打造了国内首个专业化的废玻璃加工利用基地——上海燕龙基再生资源利用示范基地，建立了一套"城市矿产－生产－消费－回收－城市矿产"的闭环系统。

整个基地由回收网络、分拣加工、环保处理和科技研发几大板块构成。燕龙基集团构建的废玻璃回收网络由终端收集员、交投站和集散中心三级构成，覆盖了上海市区和各个郊县。回收的废玻璃由终端收集员收集后交到交投站，在交投站集中到一定的量，运送到集散中心，在集散中心进行最初的分选后再运送到加工基地进行分拣、破碎、清洗，再加工成品种纯粹、大小均匀、干净透明的玻璃原料。整个基地构成如图所示。

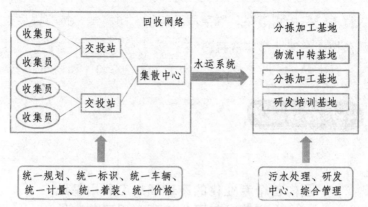

为了解决废玻璃量大低值、运输成本高的问题，燕龙基将加工基地选在河边码头，以充分利用河运系统来降低运输成本。在回收、运送、加工过程中燕龙基集团严格控制环境污染，确保无污水、粉尘和噪音排放，不会造成二次污染。目前，燕龙基基地的6条废玻璃加工生产线的年生产能力已达到60万吨，基本消化了上海地区废玻璃的产生量。

燕龙基集团计划在全国大城市群建设6～8个类似的基地，到2020年，使我国废玻璃的年回收处理能力达到500万吨以上。另外，燕龙基集团针对含汞的日光灯管、节能灯，含铅的电视机锥、荧光屏，含夹胶的汽车用挡风废玻璃等各种有害废玻璃开展技术攻关，计划到2020年，使有毒有害废玻璃回收处置能力达到20万吨以上。

## 七、废旧轮胎

随着汽车工业的发展和居民收入的提高，我国汽车产销

量迅速上升，从而带动轮胎消费量增加，废旧轮胎的数量也随之大幅上升。最初处理废旧轮胎的主要方式为土壤填埋。由于废旧轮胎具有抗生物、抗热、抗机械等理化特性，使其很难自然降解，长期在土壤中会造成土壤肥力下降。即使降解，产物也会污染土壤和地下水。废旧轮胎堆放还容易引起火灾，滋生蚊虫，传播疾病。实际上，如果对废旧轮胎进行回收利用，废旧轮胎也能"变废为宝"。

目前对废旧轮胎的回收利用主要有以下方法：

（1）对胎体完好的轮胎进行翻新利用，可以延长轮胎的使用寿命。

图 3-17

图 3-18

（2）将废旧轮胎制成胶粒和精细胶粉，应用于橡胶工业、塑料工业或沥青、塑胶跑道和建筑等方面。

（3）将废旧轮胎切碎作为燃料用于发电。

（4）将废旧轮胎经高温裂解回收橡胶烃、炭黑和燃料油。

**小链接**

### 废旧轮胎的奇思妙用

罗丹曾说过："生活中从不缺少美，只是缺少发现美的眼睛。"生活中，只要开动脑筋，你会发现美和乐趣无处不在。你见过用废旧轮胎种花吗？你想过用废旧轮胎做成家具吗？你看出墙

上这些漂亮的装饰其实是废旧轮胎改制而成的吗？你喜欢粗犷的轮胎与精致的水晶灯组合的混搭风格吊灯吗？

其实，废旧轮胎的奇思妙用还有很多。

日本人将废旧轮胎整齐地摆放在坡面上，轮胎之间的空隙用水泥浇灌，使废旧轮胎与坡面变成一个整体。这样既节约水泥，

又增强了坡面的坚固程度。

法国人用废旧轮胎建筑"绿色消音墙"，实践证明，这种消音墙吸音效果极佳，音频在 250～2000Hz 的噪声可被吸收掉85%。

美国一家公司将废旧轮胎的胎圈和胎身切开，将胎圈加工成排污管道，将胎身裁成胶条，制成工地上阻挡飞石落物的弹性防护网、保护船只的防撞挡壁、加固路面的防滑垫等。美国康涅狄格州的居民将废旧轮胎竖立相叠，排成一列埋入地下，固定后充当泄洪暗渠，也很经济实用。

有人用废旧轮胎设计出高尔夫球场的"捕雨系统"：将废旧轮胎从中间刨成两半后埋入草坪深一英尺的地下，用于储存雨水，保证有充足水分供草根吸收，从而减少灌溉次数。这种"捕雨系统"每年可以让一个标准的高尔夫球场草坪灌溉费用节约1 万～7 万美元。

一位乌克兰退休工程师发明了用废旧轮胎防洪抗洪的方法：用废旧轮胎加钢筋混凝土建造堤坝的基础部分，提高堤坝的抗震能力，再将废旧轮胎铺在堤坝的迎水面上，减小洪水对坝面的冲击力。而且由于废旧轮胎几乎不受腐蚀，不易损坏，也不会排出有害物质，所以这种方法既经济又环保。

## 八、电子废弃物

随着信息化技术和电子产业的高速发展，人类的生活已经离不开手机、电脑和各种家用电器等电子产品。但是，当我们享受着电子产品给生活带来的各种便利和乐趣时，你可

能没有想到，随着电子产品品种增加和产品过快地更新换代，电子废弃物的种类和数量也以惊人的速度增长着，对环境造成了极大的影响。

图 3-19

　　电子废弃物，又称为"电子垃圾"，是指各种达到或接近其生命周期终点或在更新换代后被丢弃的电子产品。电子废弃物中含有汞、铅、铬等重金属，以及塑料、特殊污染物等成分，如果将它们随意丢弃、烧掉或只是简单地填埋处理，在土壤和雨水的共同作用下，其中的有害成分会随着时间的推移慢慢渗出，造成土壤、地下水和大气环境污染，危害人类健康。同时，电子废弃物中既含有大量可回收的金属，如铝、铜、铅、锌、贵金属（金、银）、铂族金属及稀土元素（钐、铕、钇、钆和镝等），又含有大量不同种类的工程塑料和玻璃纤维，这些非金属通过有效地分离后也能带来可观的经济效益。

因此，电子废弃物又被称为"城市矿产"，其中蕴含着巨大的经济价值。

图 3-20

那么我们不禁要问，这些有用的城市矿产到哪里去了呢？回想一下，我们日常淘汰的手机、电脑、家用电器等电子废弃物大概有以下去处：

（1）通过以旧换新等商家活动返回到生产厂家；

（2）以极其低廉的价格被回收的小贩收走；

（3）被直接丢弃；

（4）闲置。

由于我国没有建立起统一的电子垃圾回收体系，仅有回到生产厂家的电子废弃物会由专门从事电子垃圾拆解的正规企业集中分离，从中获取原料并对拆解过程中产生的污染物

进行无害化处理。采取的处理技术有机械处理技术、火法冶金技术、湿法冶金技术和生物冶金技术等。

　　然而，我国很大一部分电子垃圾流向手工作坊式的小型拆解厂。这些小型工厂大多技术水平低、设备落后，在回收处理过程中产生的各种有毒有害气体、粉尘易对周围环境造成严重的污染。

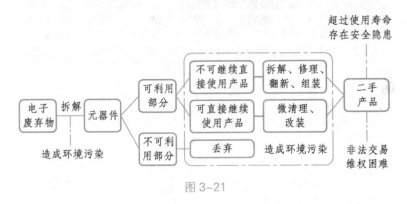

图 3-21

　　因此，建立电子废弃物回收网络势在必行。参考国外电子废弃物的回收体系并结合我国国情，可以先尝试在我国大中城市构筑以生产厂商为主体的定点或上门回收服务，以零售商为中心的回收服务和个体家电回收服务的综合回收网络。由于互联网的快速发展，目前很多年轻人无论购物、消费甚至叫外卖都喜欢在网上完成，利用这一特点，可以开发在线回收模式，我国一些大城市已经建立电子废弃物在线回收平台，如北京的香蕉皮网、上海的阿拉环保网等。

图 3-22

小链接

## 电子废弃物在线回收平台——香蕉皮网

香蕉皮环保科技（北京）有限公司是北京首家电子废弃物在线回收环保企业，建立了电子废弃物在线回收第一平台——"香蕉皮"网站。香蕉皮公司主要开展电子废弃物在线回收、社区垃圾分类服务等项目。

　　市民可登录"香蕉皮"网站（www.xiangjiaopi.com）交投自己的电子废弃物，也可以拨打400-010-3655进行电话交投。收到市民的订单以后，香蕉皮公司派专人预约上门回收电子废弃物后交由工厂处理，小件电子废弃物也可以由市民通过德邦物流直接邮寄到工厂，香蕉皮公司支付邮费。当市民完成交投后，网站会列出回收数量、获得的积分（积分可以在网站上兑换礼品），还会计算出"减少了xx千克碳排放"，以鼓励用户的环保行为。另外，香蕉皮公司积极争取与北京各大电器制造商、经销商合作，回收其废旧的电子产品。

　　香蕉皮网站自2013年成立以来，已有注册用户13 240户，共回收大小电子废弃物27 890余件，减少碳排放45 893千克。

## 有害垃圾

　　日常生活中的有害垃圾指家庭生活中产生的废药品及其包装物、废矿物油及其包装物、废胶片及废相纸、废荧光灯管、废温度计、废血压计、废镍镉电池和氧化汞电池以及电子类危险废物等对人体健康或自然环境造成直接或潜在危害的物质。

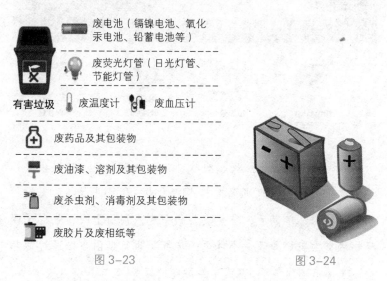

图 3-23

图 3-24

　　人们最熟悉的有害垃圾应属废电池。从手机、电脑用的可充电电池、车辆用的铅酸蓄电池到各种家用电器遥控板、儿童玩具用的普通干电池，电池可谓无处不在。电池可分一次干电池（普通干电池）、二次干电池（可充电电池，主要用于移动电话、计算机）、铅酸蓄电池（主要用于汽车）三大类。以前的研究显示，如果废旧电池未经妥善处理就被随手丢弃，电池外皮经过长时间的日晒雨淋、风化腐蚀后，其

中的有害物质可能渗入土壤和水体中，对环境造成污染。其中的重金属一旦流入生态系统并进入食物网，会对人体健康造成诸多不利影响。甚至有报道称，1 节 电池可以污染 60 000 立方米的水，1 节 5 号废电池就可以使 1 平方米的土地荒废等。这些消息令普通大众谈"池"色变、无所适从。

其实，早在 2003 年我国出台的《废电池污染防治技术政策》中便规定：从 2005 年起停止生产含汞量大于 0.000 1% 的碱性锌锰电池。如今，随着技

图 3-25

术进步和生产工艺的更新，大多数干电池主要含铁、锌、锰等元素，已不再含汞、铅等重金属。很多干电池外包装上还贴上了"不含铅、汞"的相关标识。因此，现在我们生活中常用的一次性电池可以随生活垃圾一起丢弃，不会对环境造成危害。但是需要注意的是：充电电池、纽扣电池、蓄电池都属于有害垃圾，要记得单独投放哦！

图 3-26

　　荧光灯、节能灯、温度计在各家各户也是十分常见的。有人可能问，为什么这些物品淘汰后属于有害垃圾？因为废灯管、废温度计和废血压计中都含有重金属危险化学品——汞。汞的沸点很低，在常温下可蒸发。一支废灯管被丢弃后如果破碎，会立刻向周围散发汞蒸气，瞬时可使周围空气中的汞浓度达到 10～20 mg/m$^3$。一支家里常见的水银温度计中含有 1 g 汞，若是不小心被打碎，可以使一间 15 m$^2$ 的房间内的汞浓度达到 22.2 mg/m$^3$。普通人在汞浓度为 1～3 mg/m$^3$ 的房间，只需两个小时就可能产生头痛、发烧、腹部绞痛、呼吸困难等症状，而且中毒者的呼吸道和肺组织很可能会受到损伤，甚至会产生呼吸衰竭。含汞的玻璃碎片如果被填埋处理，对周围的土壤、水源都会造成严重污染。2013 年 1 月 19 日，包括中国在内的全球 140 多个国家就首个防治汞污染的国际公约《水俣汞污染防治公约》达成共识。公约规定，各国政府同意在 2020 年之前禁止一系列含汞产品的生产和贸易，包括含汞的电池、开关、节能灯、肥皂以及化妆品等。同时，使用汞的温度计和血压仪应在 2020 年之前被逐渐取代。

　　通过这些介绍，你应该对有害垃圾的危害有了初步了解。为科学合理地对有害垃圾进行无害化处理或综合利用，防止有害垃圾对人体或环境造成危害，请务必将有害垃圾与其他生活垃圾分开收集！

小链接

## 医疗垃圾

　　医疗垃圾是指医疗卫生机构在医疗、预防、保健以及其他相关活动中产生的具有直接或者间接感染性、毒性以及其他危害性的废物，比如医院用过的针头、注射器、消毒棉球、棉签、纱布和废弃药品、疫苗等都是常见的医疗垃圾。这些垃圾属于危险废弃物，含有大量病毒、细菌并具有一定的空间污染、急性传染和潜伏性传染等特征，属重度污染危险废物，对人体健康及生态环境有着极大的危害性。

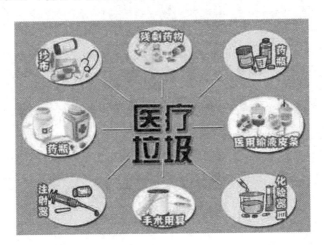

　　在《中华人民共和国固体废物污染环境防治法》、国务院颁布的《医疗废物管理条例》和环境保护部颁布的危险废物名单中，医疗废物属于第一类危险废物。医疗废物的收集、转运、贮存、处置，都有严格的规定，如必须使用专用的医疗废物袋和垃圾桶进行收集且不允许堆放在产生点，要求每天收集并贴上标有产生点和废物种类的标签后运送到指定的储存点。医疗废物转运时必须使用经过主管单位检查并有许可证的专用医疗废物运输车，必须执行危险废物转移联单制度。禁止在运送过程中丢弃医疗废物；禁止在非贮存地点倾倒、堆放医疗废物或将医疗废物混入其他废物和生活垃圾。在医院或诊所，都会摆放两种垃圾桶，分别用来存放医疗垃圾和生活垃圾。

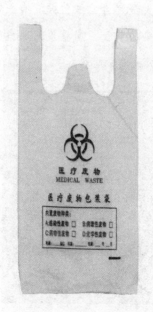

　　医疗垃圾处理的方法和技术很多，下表列出了高温高压蒸汽灭菌法、电磁波灭菌法、化学消毒法、焚烧法等七种技术。其中的高温焚烧法处理后的医疗废物减容减量效果显著，消毒杀菌彻底，而且技术成熟，是目前最有效的医疗废物处理技术，也是普遍采用的一种技术。

医疗垃圾处理技术

| 处理技术 | 原理 | 优点 | 缺点 | 环境影响 | 成本 |
|---|---|---|---|---|---|
| 高温高压蒸汽灭菌法 | 利用蒸汽在高温高压下具有的强穿透力杀灭细菌 | 灭菌范围广、占地小、投资低、运行费用低、消毒效果好 | 有臭味，易发生交叉感染、减量化效果差，不能处理放射性和药物性医疗垃圾 | 有难闻气味产生 | 较低 |
| 填埋法 | 经过安全的选址、勘察，设防水层和废气收集系统，防止渗滤液和废气二次污染 | 经济、方便、可处理大量的医疗垃圾 | 填埋前需消毒、减量化效果差，建设投资大，需占用大量土地 | 需采取预防措施，否则会污染水、大气和土壤 | 较低 |
| 电磁波灭菌法 | 在一定波长和频率的微波下，产生高温，杀死致病微生物 | 消毒速度快、效率高、环境污染小、完全自动化、易于操作 | 建设和运行成本较高，减量化效果差，有臭味，不适合处理血液和危险化学物质 | 有难闻气体产生 | 中 |
| 化学消毒法 | 使用化学消毒剂杀灭病菌 | 操作简单、效果好、消毒过程快、投资低 | 常用的消毒液对人体有害，不能处理放射性废弃物、挥发和半挥发有机化合物 | 用后消毒液需处理，否则会污染环境 | 中 |

续表

| 处理技术 | 原理 | 优点 | 缺点 | 环境影响 | 成本 |
|---|---|---|---|---|---|
| 焚烧法 | 焚烧产生高温破坏或消灭有害物质及病菌 | 减量化明显、处理量大、无害化效果好、可回收热量 | 成本高、易产生有害气体，需要配置晚上的尾气净化系统 | 尾气需处理，否则会造成大气污染 | 较高 |
| 热解技术 | 在无氧条件下，高温加热使有机物变为气体、焦油、焦炭，无机物变为熔融状态排出后可作建筑材料的骨料 | 烟气排放量低，污染物排放和二噁英生成量少，热解过程中的产物均可实现再生利用 | 无 | 无 | 高 |
| 等离子体技术 | 利用等离子体焚烧炉的高温使医疗垃圾中的有机物质裂解，产生可燃性气体，无机物则发生熔融 | 焚烧过程中不产生二噁英，产生的可燃性气体可作为燃料，减容效果好 | 无 | 无 | 高 |

## 其他垃圾

除了餐厨垃圾、可回收物和有害垃圾外的垃圾总称为其

他垃圾，主要包括：受污染的纸张（如用过的餐巾纸、卫生纸、尿不湿、复写纸等）、砖瓦陶瓷、渣土、烟头等。

亲爱的读者们，现在的你会给垃圾分类了吗？遇到各种各样的垃圾桶，你知道该怎样丢垃圾了吗？仔细观察，有的垃圾桶上烟头和有害垃圾有单独的"家"，不要放错喽！让我们大家携起手来，做好垃圾分类，让资源不断循环。

图 3-27

图 3-28

图 3-29

小链接

## 污泥也可变资源

城市净水厂、污水处理厂和工业废水处理系统在进行水处理过程中会产生污泥。随着城市化水平的不断提高和社会经济的快速发展，工业污水和生活污水的排放量日益增多，导致城市污泥产量剧增。如果这些污泥不经过恰当的处理就直接暴露在环境之中，污泥中的病原体微生物、难降解有毒有机物、重

金属会严重污染水体和土壤。而且污泥容易腐败变质，产生恶臭气体，污染环境。

　　实际上，污泥是一种很有利用价值的潜在资源。除去污泥中 80% 的水分，污泥固体物质中的有机物经过合理处置后即可变为资源。污泥中含有丰富的氮、磷、钾、钙等多种元素，可以给植物供给养分，提高土壤有机质含量，改善土壤理化性质和生物学性质，所以污泥经过稳定化无害化处理后，可以制成颗粒状或粉状产品，作为有机土或有机肥料应用于农田、草地、绿地、果园。污泥还可以制砖，生产生态水泥、生化纤维板应用于建筑领域。随着科技的发展，目前，污泥还可以转变为较高品质的燃料。

# 倡导 5R 生活，迈向"零废弃"

　　垃圾伴随着人类走过了漫长的时光，人类与垃圾的"斗争"从未停止。聪明的人类想出各种各样的办法去解决讨厌的、如影随形的垃圾，比如让垃圾变成肥料、能源或再次把垃圾变成可利用的资源，但人类最终发现，减少垃圾产生比处理垃圾更容易！解决垃圾问题的根本办法是倡导一种"5R"生活方式，减少垃圾量，避免不必要的浪费，促进资源循环利用。

　　5R 即"源头减量（Reduce）、物尽其用（Reuse）、回收利用（Recycle）、变废为宝（Regeneration）、拒绝使用（Rejection）"。在日本、德国等国家，由于 5R 理念深入人心，基于此理念的全民参与的垃圾分类使人均垃圾总量逐年递降，其中的可回收再利用的垃圾量不断增加，导致最

终需要处置的垃圾量大幅减少。

## 日本：将垃圾分类做到极致

　　日本，位于东亚，领土由北海道、本州、四国、九州四个大岛及 6 800 多个小岛组成。国土总面积 37.8 万平方千米，总人口约 1.26 亿，是世界上高密度人口的国家之一。由于国土面积狭小、人口稠密，没有足够的土地对垃圾进行填埋处理，焚烧技术成为日本处理生活垃圾的不二选择。同时，日本又是一个资源匮乏的国家，几乎 90% 的资源依赖进口，因此，日本特别重视"资源"回收，生活垃圾进行焚烧处置前需执行严格的垃圾分类。

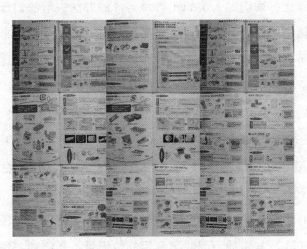

图 4-1

　　在日本实行垃圾分类的初期，仅仅将垃圾分为可燃烧与不可燃烧两类，自 1980 年开始，日本逐步建立起一套近乎苛刻的垃圾分类制度。目前，日本垃圾分类的细化程度和复杂程度早已远远超出最初的设想。你能想象吗？横滨市给每个市民发放的垃圾分类手册长达 27 页，其条款有 518 项之多。如此细致复杂的条款往往连家庭主妇都不能完全记住，她们一般会在厨房里放一份分类手册，以便随时翻阅。说了这么多，你一定非常好奇手册上有些什么规定吧？我们来举例说明。

　　以常见的塑料饮料瓶为例，瓶盖和瓶身围绕的塑料纸属于"其他塑料容器包装"，瓶身则属于"PET 塑料瓶"。因此，在日本丢弃这样的塑料饮料瓶需要四个步骤：①将饮料瓶中剩余的液体倒掉，最好将瓶内清洗干净；②拧下瓶盖，单独收集（因为瓶盖可以回收后加工成小朋友的玩具和书包）；③将瓶身的包装纸撕下来，丢到一般塑料垃圾里；④干净的瓶身踩扁后丢入可回收塑料瓶的垃圾桶。

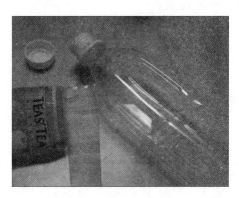

图 4-2

图 4-3

　　再比如空的香烟盒，由于外包的塑料薄膜、中间的纸盒和封口处的铝箔属于三种不同材质，所以要分为塑料、纸和金属三类丢弃。牛奶盒要尽量回收到设在超市门口的回收箱里，在此之前还需要洗净、剪开、晾干。在日本，幼儿园的小朋友们每天喝完牛奶后会排队清洗牛奶盒，还要把水倒干再放在通风的地方晾晒，同时将昨天晾好的牛奶盒剪开后交给工作人员进行回收。旧纸盒也需要拆开，叠放好，用绳子捆好，旧报纸也是这样。

图 4-4

　　另外，你可能想象不到的是：未用完的口红属于可燃物，用完的口红管属于小金属物；一只袜子属于可燃物，两只袜子且符合"没被穿破、左右脚也搭配"的则属于旧衣服；领带在"洗过、晾干"的情况下属于旧衣服；装有干电池、体温计的垃圾口袋上必须注明"有害"字样；剃须刀片、碎玻璃等危险物品，要用报纸包好后，注明"危险"字样再丢弃；大件垃圾在丢弃之前需要打电话预约并购买垃圾票。

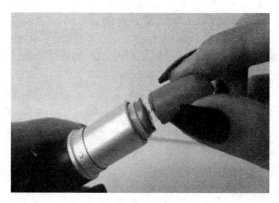

图 4-5

　　日本采用不同时间回收不同垃圾的方法，如有些地方规定每周一、三、五扔可燃垃圾，每周四扔不可燃垃圾等。每年年底，日本居民都会收到 1 张新的特殊"年历"，上面用红、黄、蓝、绿等不同颜色标明扔不同垃圾的时间。"年历"上还配有漫画，告诉人们可回收垃圾包括哪些，不可燃垃圾包括哪些。除了看年历扔垃圾，日本居民还可以通过报纸、政府官方网站等媒介了解到垃圾收集日的具体信息。

图 4-6

　　外国人到日本后，就会收到政府发的一份厚厚的关于如何丢垃圾的小册子。一位在日本留学的朋友曾讲过一个故事：初到日本，他的一位同学收到快递后，随手将快递盒丢掉了。之后两天，这位同学由于有事都很晚回家，第三天，这位同学下课回家后发现当地政府的工作人员在门口等他，而且已经等了三天。这位工作人员耐心地解释：快递盒与上面的透明胶带分属于不同类的垃圾，在丢弃之前应将快递盒和透明胶带分离。工作人员还询问是否因为未领到垃圾分类手册而导致错误，并带来了一份垃圾分类手册。在交流过程中工作人员的态度始终温和、有礼貌，没有丝毫的不高兴或埋怨，却让这位同学脸红不已，今后再也没有犯过类似错误。

　　在日本，分类后的垃圾都有各自的去向。可燃垃圾被送往垃圾焚烧厂，焚烧后的残渣送到填埋场填埋；不可燃垃圾在专门的处理厂经拆解后制成再生品，或经过压缩无毒化处理后作为填海造田的原料；粗大垃圾经过破碎处理后，可利用部分被回收，可燃部分送往焚烧厂；资源垃圾被回收，如报纸送往造纸厂生产再生纸，牛奶盒会制成卫生纸等。如此精细、严格的垃圾分类使日本成为世界上人均垃圾生产量最少的国家，每年只有 410 公斤。完善的垃圾分类制度带来了以下两个结果：

## 一、日本的垃圾焚烧厂数量逐渐减少

　　日本焚烧垃圾的历史已经超过百年，其垃圾分类和垃

圾处理的政策都围绕垃圾焚烧设计，但日本人最终发现，解决垃圾问题的根本办法，是从源头上减量。日本的垃圾管理体制经历了末端处理、源头治理到资源循环的转变。基于 5R 理念的全民参与的垃圾分类使垃圾总量逐年减少，可回收再利用的垃圾量不断增加，最终需要处置的垃圾量不足垃圾产生量的 30%。以东京为例，2008 年全市的垃圾年产量降低到了 20 年前的 50%，这导致东京的 25 座垃圾焚烧厂中有 10 座因无垃圾可烧而被迫关闭。

同时，细致的垃圾分类使日本现有的垃圾焚烧厂所燃烧的垃圾已经完全剔除了塑料等化学制品，燃烧的垃圾均是无法再循环利用，又不会造成大幅度环境损害的物质，这大大降低了焚烧所造成的有毒气体排放量。

## 二、资源匮乏的日本，正在跻身"资源"大国的行列

据统计，日本国内的"城市矿山"——电子废弃物中蕴藏的黄金约 6 800 吨，白银约 60 000 吨，稀有金属铟 1 700 吨，钽约 4 400 吨。这相当于全球黄金储量的 16%，白银储量的 22%，铟储量的 61%，钽储量的 10%。实际上，这些"城市矿山"比真正的矿山更具有价值，比如一部旧手机可以提取约 0.03 克黄金，一万部旧手机可以提取约 300 克黄金，如果直接从金矿中采掘黄金，每吨矿石只能得到 5 克黄金。所以，日本颁布《家用电器回收法》保证电子废弃物的回收并采取各种手段鼓励开发"城市矿山"。

　　除此之外，日本将可燃垃圾制作成"可燃棒"供一些工厂作燃料，牛奶盒、果汁盒等废纸盒回收后生产餐巾纸和卫生纸，餐厨垃圾由专门开发的食品残渣处理设备制成堆肥，用过的一次性筷子被回收制作成木炭，垃圾焚烧产生的炉渣用来建设和维修道路，甚至下水道的污泥都可以利用特殊气体熏蒸后变成燃料。

## 小链接

日本生活垃圾分类及处理方法

| 分类 | 具体归属 | 丢弃前的处理 |
|---|---|---|
| 可燃垃圾 | 厨房垃圾（菜叶子、剩菜剩饭、蛋壳等"生垃圾"），不能再生的纸类（如餐巾纸，注：面积大于明信片的纸张属于"资源垃圾"），木屑及其他（棒、棍、草、烟头、湿毛巾、尿不湿、宠物粪便、宠物用灰沙、干燥剂、抗氧化剂等） | 厨房垃圾需要沥干水分用报纸包好、棍棒类砍成约50厘米的长度捆牢，食用油或废油需要用抹布擦干净，瓶口用报纸封堵 |
| 塑料瓶类 | 饮料塑料瓶（装饮料、果汁、茶、咖啡、水等），酒类塑料瓶（装日本酒、烧酒、料酒等），（注：酱油、食用油、沙司、洗洁精的塑料瓶属于"可回收塑料"） | 拧开瓶盖，揭开塑料商标，用水洗净瓶内、压扁瓶身，装入透明或半透明塑料袋里 |

续表

| 分类 | 具体归属 | 丢弃前的处理 |
|---|---|---|
| 可回收塑料 | 商品的容器或包装袋、蛋糕、蔬菜的口袋，方便面的口袋，洗头香波、洗洁精的瓶子，蛋黄酱塑料瓶，牙膏管，装洋葱或橘子等的网眼口袋，超市购物袋，塑料瓶盖 | 洗净并撕下附着在口袋上东西，剪开蛋黄酱或番茄酱的塑料瓶，装食物的发泡包装尽量回收到设在超市门口的回收箱 |
| 其他塑料 | 容器、包装以外的塑料，录像带、CD及其盒子，洗衣店的口袋，牙刷、圆珠笔、塑料玩具、海绵、拖鞋、鞋类、布制玩具等 | 软管类需要剪成30厘米的长度 |
| 不可燃垃圾 | 陶瓷类（碗、陶瓷、砂锅等）、小型电器（熨斗、吹风）其他(耐热玻璃、化妆品的玻璃瓶、保温瓶、溜冰鞋、雨伞、热水瓶、电灯泡、一次性取暖炉、一次性和非一次性打火机、铝制品、金属瓶盖) | 耐热玻璃、化妆品瓶与其他玻璃的溶解温度不同，故不能一起回收，需视为"不可燃垃圾"，未使用水银的体温计属于"不可燃垃圾"；一次性打火机必须用尽 |
| 资源垃圾 | 纸类（报纸、宣传单、杂志、蛋糕包装盒、信纸、硬纸箱等）布类（旧衣服、窗帘等）金属类（锅、平底锅、金属制罐子、空罐子）玻璃类（酒类、醋、酱油瓶、威士忌酒瓶、玻璃杯、啤酒瓶、玻璃渣等） | 硬纸箱需要折好、报纸杂志等用绳索捆牢；喷雾器瓶子必须用尽，在无火且通风的地方将瓶身凿开若干小孔；啤酒瓶尽量返还商铺；牛奶盒尽量回收到设在超市门口的回收箱 |

续表

| 分类 | 具体归属 | 丢弃前的处理 |
|---|---|---|
| 有害垃圾 | 荧光棒、干电池、体温计（用水银的体温计）<br>充电电池尽量回收到商铺的回收箱 | 装有荧光棒、干电池、体温计的垃圾口袋上必须注明"有害"二字。有害垃圾必须与资源垃圾装入不同的垃圾袋 |
| 大型垃圾 | 家电回收法规定范围内的电器（空调、电视、冰箱、洗衣机、冰柜）<br>家具、家用电器（柜子、被褥、电磁炉、炉子等）<br>其他（自行车、音箱、行李箱等） | 处理大型垃圾需要打电话预约，并支付一定"处理费" |

## 德国：科学实验般精确的垃圾分类

德国人一贯以严谨、认真著称，微博上曾有一篇介绍德国人厨房的帖子广为流传，德国主妇们做饭简直像做化学实验，温度计、量杯、滴管、天平、计时器一应俱全，对各种食材切片、切丝、切块都有一定的专属工具，其细致和精巧让人惊叹不已。那么，德国人是如何对付日常生活中产生的垃圾呢？

德国在垃圾处理上遵循减量化和资源化的基本理念。在生产和消费环节尽量减少垃圾的产生，在垃圾处理环节优先

采用分类回收利用技术和堆肥技术，最后无法资源化的垃圾才作为原料送入焚烧厂转化为电力。德国的垃圾分类如科学实验般精确，垃圾可以细分到几十种，所有能够回收的东西都会被分离出来再次利用。

　　普通民众日常需要完成的就是将生活类垃圾分为以下几类：有机垃圾、轻型包装、旧玻璃、纸制品、有害物质垃圾、大型垃圾，以及不属于前述几项的特殊垃圾。居民楼下一般配备蓝色、黄色、黑色和棕色四个垃圾桶。

图 4-7

　　蓝色垃圾桶用来装废旧纸张，主要包括 Pappe（用黏合剂制作的厚纸板）、Papier（纸张、报纸、杂志等印刷品）、Kartonage（卡纸、纸板盒等包装材料）。值得注意的是带外包塑料薄膜或是金属、塑料装饰的纸类包装应该取下非纸

类装饰品后再丢进蓝桶，人造材料如塑料铝箔、聚苯乙烯泡
沫塑料、被污染的纸（如卫生
纸，包装纸）和耐水性文件（如
羊皮纸文件、照片）等垃圾
不属于此分类。

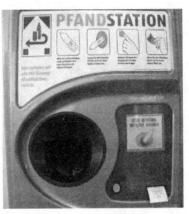

图 4-8

黄色垃圾桶用来回收带
有"绿点"标志的轻型包装，
如乳制品、植物性奶油的盒
子，清洁剂或洗衣粉等洗涤
用品的包装容器、各种金属
的饮料罐、罐头盒、瓶盖和真空咖啡包装袋、牛奶盒、果汁盒、
糖果包装盒等。德国家庭一般会在厨房和洗衣机旁边摆上盛
包装袋的垃圾桶，每次购物回来，先把包装袋都拆掉扔进黄
色垃圾袋之后再逐一整理。

黑灰色垃圾桶用来收集不包含有害物质的、不可再利用
的残余垃圾，比如皮革制品、妇女婴儿卫生用品、烟蒂烟灰
或由于污染混合无法被其他任何分类进行回收的垃圾。

棕色垃圾桶用来回收有机垃圾，包括厨余垃圾、剩面包、
鸡蛋盒（纸盒）、剩菜鱼肉、茶叶、木屑、水果皮、榛子花
生核桃等皮核、纸巾、柑橘类水果、室内植被、花草、盆栽
土壤、烟灰、灌木，树叶杂草、面粉类、饲料类、头发、羽毛、
很小的虫子小鸟的尸体。德国人一般会在厨房里放一个小的
棕色垃圾桶，用餐后，把剩饭菜倒在里边，装满后与庭院里

的大的棕色垃圾桶合在一起。

　　看到这里，认真的读者们一定有个疑问：为什么这些垃圾桶没有用来回收玻璃瓶的呢？这是由于德国的汽水、啤酒都是用玻璃瓶装的，所以在德国玻璃瓶的消费量很大。为增加玻璃瓶的回收率，德国很大部分的玻璃瓶、塑料瓶在售出时，价格中已包含小额的押金。喝完后剩下的瓶子可以到超市门前的机器退押金。瓶子放进机器后，机器会自动扫描，然后退回一张现金券，凭券可以去超市购物或直接去收银台退回现金。

图 4-9

　　而没有押金的玻璃瓶在用完后，需要投入特定的垃圾桶。投放玻璃的垃圾桶通常被修建成圆形的"堡垒"，外面涂成白色、绿色、棕色三种颜色，分别投放透明、绿色和棕色的玻璃瓶。玻璃瓶放入垃圾桶前一定要清理干净，不能有残余。

瓶盖或软木塞要分开投放。另外，德国非常体贴地规定为了避免向回收箱中扔玻璃瓶时发出的声音影响周围居民休息，只有白天才可以向回收箱中扔玻璃瓶。

需要注意的是添加了重金属或防热防烫的特殊玻璃、光学玻璃不可以放到玻璃回收垃圾桶里。这些废旧玻璃需要自行送到固定的地方扔掉。

德国近年还新增橙色垃圾桶，用来回收小家电，如电牙刷、电剃须刀、烤面包机和各类光碟，方便小家电的回收再利用。

另外，大件垃圾要等待回收或自行送到回收站、特殊垃圾则需要按照规定的时间选择附近的指定地点丢弃。

## 中国：不断探索垃圾分类有效模式

我国幅员辽阔、人口稠密，随着近几年城市化进程持续推进，城市人口数量不断增加，生活垃圾问题愈加突出。我国各级政府、企业、学者、公益组织、环保人士等一直积极探索适合我国国情、切实可行的垃圾减量与分类的制度及运行模式，有些地区、城市开展垃圾分类获得了较好的成绩。

一、资源全回收，垃圾零掩埋——台湾

20 世纪 90 年代，中国台湾地区同样面临土地面积小、

人口集中、垃圾产量巨大、未来垃圾无处填埋等问题。因此，台湾确立"以焚化为主，掩埋为辅"的垃圾处理方式，提出"一县一焚烧厂"计划，政府投入建成 21 座垃圾焚烧厂。到 2002 年，台湾垃圾焚烧占垃圾处理总量的 64.2%，垃圾填埋率从 96.2% 降至 34.8%。1998 年，台湾开始实行垃圾分类收运与分类处理，出台《资源回收四合一计划》，并实施"垃圾不落地"政策，首创"垃圾随袋收费"政策。

### 1. "资源回收四合一计划"

这一计划主要是发挥社区、回收商、当地政府（清洁队）和信托基金的作用，社区组建资源回收互助组织推动家庭垃圾分类、回收和预处理，回收商建立高效的回收系统，政府承担定时、定点、定线收运，信托基金向回收体系注入资金推动社区、回收商和当地政府（清洁队）严格执行资源回收制度。

资源回收计划有效减少了垃圾清运量，提高了资源回收率，改变了清运垃圾的组成和特性。2002 年垃圾统计资料显示，清运垃圾中不可燃物质仅占 9.6%，可燃物质占到 90.4%，有利于提高焚烧效率和焚烧设备使用寿命。

### 2. "垃圾不落地"

所谓的"垃圾不落地"指的是台北的居民小区不设垃圾桶或垃圾箱，也没有垃圾清洁站等垃圾中转点或暂存设施，所有居民要直接将分类好的垃圾放到定时前来回收的垃圾车

内，垃圾车直接将垃圾收走处理。

图 4-10

图 4-11

　　垃圾车由当地政府的环境部门运营，每天下午固定时间，垃圾车沿规定路线开始运作，每条线路上分布着几十个停车收集点。居民们在家里将垃圾分为"厨余垃圾""一般垃圾"和"回收垃圾"后装入不同的垃圾袋，在规定的时间等待垃圾车队到来后分别投入不同的车里。如果有分类不合格的垃圾，垃圾车会拒收，居民会面临罚款。这项措施使垃圾分类、资源回收和垃圾清运一次性完成。

图 4-12

### 3. "垃圾随袋收费"政策

　　"垃圾随袋收费"的操作模式是：居民家中的不可回收垃圾必须装入由台北市环保局设计的带有防伪标志的专用

垃圾袋，市政府的垃圾收集车也只收集由这种专用垃圾袋

装好的垃圾。这种垃圾袋从小到大
有 6 种规格，最小的袋子容量 5 升
到 120 升，售价为 2.25 元新台币到
54 元新台币（约为人民币 0.5 元到
11.8 元）不等。垃圾清运费就包含
在垃圾袋的费用中。当居民购买垃
圾袋的同时，就相当于支付了垃圾费。

图 4–13

由于可回收垃圾和厨余垃圾可以使用免费垃圾袋，这种"多
扔垃圾，多出钱"的政策，成功地使台北市民开始注重垃圾
分类和回收，促使垃圾减量。

　　通过这些有效措施的实施及民众的共同努力，台湾垃圾
减量效果明显。以台北市为例，垃圾每日产生量由原来的
3 000 多吨减少至 1 000 多吨，居民人均每日产生的垃圾量由
原来的 1.14 公斤减少至现在的 0.39 公斤，生活垃圾减量超
过 60%。这直接导致台北的 3 个垃圾焚烧厂处于"吃不饱"
状态，政府又不好决定关闭其中的哪一个，只好让它们轮流
开工。台北市仅存的山猪窟填埋场，1994 年建设时的设计容
量为 2 500 吨／日，现在每天填埋的垃圾量只有 55 吨，使
用寿命延长了 16 年。

## 二、"政府主导、企业推动"模式——广州

　　广州的垃圾分类口号是"能卖拿去卖，干湿要分开，有

害单独放"。因此,广州要求居民将垃圾分为干垃圾和湿垃圾,有害垃圾单独收集。

联合街道采用的"政府主导、企业推动"的"一加五"模式。"政府主导"是指由街道办负责制订方案并督促落实情况。"企业推动"是指街道与负责街道环卫清洁的企业重新签订合同,使该企业的服务项目由单一的"保洁"扩展为"保洁加分类、保洁加分拣、保洁加宣传、保洁加巡查、保洁加服务",同时也给予企业一定的补贴。这促使企业转变为垃圾分类的推动主体,将单纯的收垃圾者变为垃圾分类的宣传者、监督者、执行者。

小区采用发放带有楼栋和房号的可降解垃圾袋、定点投放垃圾、滚动积分奖励的方式,并设有分类督导员和二次分拣员。分类督导员负责对垃圾开袋检查,记录每家每户的分类情况,走访分类效果差的家庭。二次分拣员负责小区的垃圾清运和二次分拣。

据统计,联合街道共有家庭 1 130 户,参与垃圾分类达800 多户,分类参与率达 70% 以上,居民参与积极性高,分类准确率高。

### 三、垃圾分类专业公司推动垃圾分类——成都

2011 年成都开始垃圾分类试点工作,居民小区未要求厨余垃圾分类,餐饮行业、学校、机关单位食堂等餐厨垃圾需分类,并由具有餐厨垃圾清运资质的单位收运处理。

　　"绿色地球"成立于 2008 年，是国内首家垃圾管理服务公司，为社区提供垃圾分类、垃圾清运与智能化垃圾管理系统建设等服务。2011 年，成都锦江区与绿色地球团队达成协议，由绿色地球负责在锦江区各小区开展垃圾分类。居民只需要将垃圾分为可回收、不可回收两类，绿色地球负责后端分拣、垃圾收运和销售至再生资源工厂，提高资源利用率。

　　绿色地球公司在进驻的小区现场设立周末回收点，小区居民在绿色地球网站注册后在现场领取垃圾分类工具，包括纸质垃圾桶、垃圾袋、用户分类手册和垃圾袋的专用二维码。绿色地球的工作人员收到装有可回收垃圾的垃圾袋后，经过扫一扫、称重、录入系统三个步骤以后，可回收垃圾就变成积分进入居民的账户，可以兑换生活用品，激发了居民参加垃圾分类的兴趣。

　　绿色地球通过自建独立的垃圾收运体系和分拣体系，保证高效的垃圾分类投放、分类运输以及分类处置。截至 2018 年 1 月，绿色地球已覆盖成都市 29.8 万家庭，1 057 个小区，总共回收 1.15 万吨可回收物。

## 四、智能垃圾分类系统推动垃圾分类——重庆

　　随着垃圾分类的不断推广，越来越多的环保产品进入了大众的视野。重庆、郑州等地的小区出现了智能垃圾分类系统。

图 4-14

　　智能垃圾分类系统主要由三大部分组成：智能垃圾袋分发系统、可回收垃圾箱、不可回收垃圾箱。其中，可回收垃圾分为金属、玻璃、塑料、纸张四类；不可回收垃圾分为厨余垃圾、其他垃圾以及有害垃圾。有害垃圾其中包括废电池、电子产品、废旧灯管、杀虫剂、过期药品等几个类型，有害垃圾桶大多是鲜艳的红色铁箱。

图 4-15

　　智能垃圾分类系统运用互联网<sup>+</sup>，每个居民都能领到一

张智能卡（卡片里存有居民的个人信息）。居民可以在智能垃圾袋分发系统上刷卡获得带有二维码的垃圾袋。当居民要丢可回收垃圾时，只需在垃圾分类箱扫描窗口轻轻扫一下，再摁下对应的垃圾类别按钮，相应的垃圾箱盖便徐徐打开，垃圾投入后箱盖自动关闭，内置机器立即自动称重，不同种类和重量的垃圾，可得到不同的积分。如 1 千克报纸可获得 100 积分，1 千克塑料瓶获得 150 积分，1 千克其他塑料获得 50 积分，1 千克金属获得 200 积分，1 千克玻璃获得 10 积分，1 千克织物获得 40 积分。而 1 积分等于 1 分钱，即 1 千克报纸等于 1 块钱。居民也可用积分兑换相应的日常用品，比如饮料、肥皂、洗衣液等。每种垃圾折算积分，并不是固定不变的。后台系统根据市场行情变化进行适时调整。每个垃圾箱也带有垃圾溢满自动报警系统，当垃圾箱达到最大容量时，便会向后台人员发送警报信号，这时专业工作人员会尽快将垃圾收走。

图 4-16

　　因为每个垃圾袋都有二维码，所以每袋垃圾都有自己的主人。一旦有居民不小心投错垃圾，工作人员就会通过系统将这一信息告诉居民，提醒他们下次注意、不要分错，屡教不改的则会从系统中扣除一定的积分。

　　从上述国内外垃圾分类的成功案例可以看出，要推进全民参与的垃圾分类工作，政府主导必不可少。各级政府一方面应制定切实可行的操作办法和实施细则，另一方面应尽快完善垃圾投放、暂存、收运、处置一系列设施并建立相应的责任机制和监督追溯机构。同时，加强宣传、教育力度，引导和帮助公众养成垃圾分类习惯也是成功的重要环节。社会大众作为垃圾分类的主体，也应该不断增强参与意识和环保意识，认识到解决垃圾问题不能只靠政府、靠他人，垃圾问题是关系到每一个人及子孙后代的大事。

　　让我们共同努力，倡导 5R 生活，减少资源消耗、抑制源头垃圾产生，加强资源回收再利用，向着建设垃圾产量最小化、资源回收再利用最大化的"垃圾零废弃，资源循环型"社会这一目标前进！

# 重庆垃圾焚烧发电技术研究院简介

基本概况：重庆垃圾焚烧发电技术研究院成立于2006年12月，由重庆市科学技术委员会和重庆科技学院等单位联合组建而成，是致力于城市固体废弃物"减量化、无害化、资源化"处理的研发基地、产业基地和人才培养基地。

研究院实行管理委员会领导下的院长负责制，下设工艺研究、装备技术等6个研究室，科研教学仪器设备价值6 000余万元，占地面积4 500 ㎡。现有固定研发人员35人（正高12人、博士15人），其中享受国务院政府特殊津贴的3人，重庆市级学术技术带头人3人，巴渝海外引智专家2人，百名工程技术高端人才2人。拥有国家环境保护垃圾焚烧处理

与资源化工程技术中心、城市生活垃圾清洁焚烧与检测技术实验中心等科研教学平台，建成 2 条中试线。2013 年，重庆科技学院联合重庆大学、重庆市环境科学研究院等单位组建重庆市生活垃圾资源化处理协同创新中心。

总体目标：围绕固体废弃物"减量化、无害化、资源化"处理的重大需求，以研究院为载体，汇集多方资源，按照"生产一代、储备一代、预研一代"的战略，形成需求导向、项目牵引、技术创新的运行模式。

"十三五"主要任务：持续推进炉排式生活垃圾焚烧发电关键技术与装备的产业化应用，研发基于机械炉排的多类废弃物热解、气化、燃烧处置技术，形成具有自主知识产权的新技术产品。

科研及成果：研究院先后得到"十一五"国家科技支撑计划项目、科技部国际合作研究项目、国家自然科学基金项目、重庆市科技攻关重大项目等各级各类项目支持，自主研制的垃圾焚烧炉液压控制系统、烟气处理高速离心雾化器、机械炉排式垃圾焚烧炉等一批具有自主知识产权的科技成果已得到推广应用，获得国家发明专利 37 项、实用新型专利 52 项，新申请发明专利 23 项，已受理并公开。主持制定国家标准及行业标准 10 项。研发的"大型机械炉排式生活垃圾焚烧发电集成技术及产业化"成果获 2014 年重庆市科技进步一等奖。

图 1　固体废弃物资源化利用综合实验室

图 2　机械炉排式垃圾焚烧中试线整体图

图 3　垃圾焚烧中试线中央控制室

（一）

（二）

图 4　获得的实用新型专利和国家发明专利

# 重庆市科学技术奖

# 证书

为表彰重庆市科学技术奖获奖单位，特颁发此证书。

**奖励类别：** 科技进步奖

**成果名称：** 大型机械炉排式生活垃圾焚烧发电集成技术及产业化

**奖励等级：** 一等奖

**获奖单位：** 重庆科技学院

重庆市人民政府
2014年8月

**证书号：** 2013-J-1-03-D01

图5 获重庆市科技进步一等奖

# 参考文献

[1]　赵由才．生活垃圾处理与资源化 [M]．北京：化学工艺出版社，2016．

[2]　李俊生，蒋宝军．生活垃圾卫生填埋及渗滤液处理技术 [M]．北京：化学工艺出版社，2014．

[3]　胡贵平．生态文明知识科普丛书——美丽中国之垃圾分类资源化 [M]．广州：广东科技出版社，2013．

[4]　唐平，潘新潮，赵由才．环境保护知识丛书——城市生活垃圾：前世今身 [M]．北京：冶金工业出版社，2012．

[5]　周菊华．城市生活垃圾焚烧及发电技术 [M]．北京：中国电力出版社，2014．

[6]　任芝军．固体废物处理处置与资源化技术 [M]．哈尔滨：哈尔滨工业大学出版社，2010．

[7]  赵由才. 生活垃圾处理与资源化技术手册 [M]. 北京：冶金工业出版社，2007.

[8]  薛红燕，韦小兵，王艳秋，孙裔德. 我国废旧纺织品处置策略研究 [J]. 中外企业家，2013，434(23):50-51.

[9]  侯海燕. 发达国家纺织纤维废料处理趋势 [J]. 中国纤检，2011(23):70.

[10]  我国废旧纺织品回收产业发展状况分析 [J]. 中国资源综合利用，2012，30(10):57.

[11]  郭艳华. 广州市废玻璃回收处理模式比较研究 [J]. 再生资源与循环经济，2016，9(11):18-22.

[12]  徐美君. 国际国内废玻璃的回收与利用 ( 下 )[J]. 建材发展导向，2007(3):55-59.

[13]  李湘洲. 发达国家废玻璃回收利用经验及借鉴 [J]. 再生资源与循环经济，2012，5(5):41-44.

[14]  徐美君. 废玻璃的回收与利用 [C]// 中国硅酸盐学会玻璃分会. 2007 中国浮法玻璃及玻璃新技术发展研讨会论文集，2007:37-42.

[15]  刘旸，刘静欣，郭学益. 电子废弃物处理技术研究进展 [J]. 金属材料与冶金工程，2014，42(2):44-49.

[16]  李步祥，宋立岩，吴季勇，赵由才. 我国电子废弃物管理与资源化对策 [J]. 环境污染治理技术与设备，2005(10):16-21.

[17]  姚从容，田旖卿，陈星，陈殷，黄悦，梁文婉，

陈天生．中国城市电子废弃物回收处置现状——基于天津市的调查 [J]．资源科学，2009，31(5)：836-843．

[18] 张科静，魏珊珊．国外电子废弃物再生资源化运作体系及对我国的启示 [J]．中国人口·资源与环境，2009，19(2)：109-115．

[19] 刘平，彭晓春，杨仁斌，夏海．国外电子废弃物资源化概述 [J]．再生资源与循环经济，2010，3(2)：41-44．

[20] 吴培锦，田义文，邵珊珊．我国电子废弃物的回收处理现状及法律对策 [J]．特区经济，2010(4)：233-234．

[21] 梁颖生．浅谈废电池的处理与综合利用 [J]．资源节约与环保，2015(6)：11．

[22] 周娟，张硕新，陈斌．让废电池"回家" [J]．环境保护，2011(14)：46-47．

[23] 陈卉，陈海滨．废电池的回收利用与处置 [J]．环境卫生工程，2005(2)：12-15．

[24] 林建恺．包装废弃物回收利用大有可为 [J]．中国包装工业，2005(10)：51-52．

[25] 何应东．包装废弃物在环境中的优化处理 [J]．中国包装工业，2013(18)：12．

[26] 李丽，杨健新，王琪．我国包装废物回收利用现状及典型包装物的生命周期分析 [J]．环境科学研究，2005(S1)：10-12．

[27] 丽琴．英、德、美、日的塑料包装回收 [J]．中国

包装工业，2005(11)：31-32.

[28]　南南．瑞典饮料包装的回收机制 [N]．中国包装报，2010-09-30(003).

[29]　官国雄．废旧灯管汞污染危害与防治对策 [J]．照明工程学报，2009，20(2)：79-81.

[30]　周汉城．打造国内首个专业化的废玻璃加工利用基地 国家"城市矿产"示范基地——上海燕龙基再生资源利用示范基地 [J]．再生资源与循环经济，2013，6(11)：1-3.

[31]　孙媛媛，许鹏，刘丽清，谢海燕．餐厨垃圾资源化技术研究探析 [J]．环境科学与管理，2014，39(2)：174-177.

[32]　王星，王德汉，张玉帅，陆日明．国内外餐厨垃圾的生物处理及资源化技术进展 [J]．环境卫生工程，2005(2)：25-29.

[33]　江镇海．中国废旧轮胎综合利用现状与发展 [J]．现代橡胶技术，2011，37(3)：3-7.

[34]　张雪，张承龙．我国废旧塑料的资源再利用现状与发展趋势 [J]．上海第二工业大学学报，2014，31(3)：193-197.

[35]　汤桂兰，胡彪，康在龙，孟辰晨，张晓雨，张丽琴，冯慧英，孙文鹏．废旧塑料回收利用现状及问题 [J]．再生资源与循环经济，2013，6(1)：31-35.

[36]　彭国华，袁铿，彭卫东．城市生活垃圾的危害性和无害化处理 [J]．中国公共卫生管理，2007(5)：476-478.

[37]　尚谦，袁兴中．城市生活垃圾的危害及特性分析 [J].

黑龙江环境通报，2001(2):27-31.

　　[38]　逄磊，倪桂才，闫光绪．城市生活垃圾的危害及污染综合防治对策[J]．环境科学动态，2004(2):15-16.

　　[39]　环卫科技网．未被了解的事实：生活垃圾的前世今生[EB/OL]．(2007-01-01)[2018-1-19]．http://www.cn-hw.net/html/baike/200701/1232.html.